国家一流专业建设项目成果

回族建筑文化研究

——以云南为例

苏　涛◎著

光明日报出版社

图书在版编目（CIP）数据

回族建筑文化研究：以云南为例 / 苏涛著 . -- 北京：光明日报出版社，2023.3

ISBN 978 - 7 - 5194 - 7150 - 7

Ⅰ. ①回… Ⅱ. ①苏… Ⅲ. ①回族—建筑文化—研究—云南 Ⅳ. ①TU-092.813

中国国家版本馆 CIP 数据核字（2023）第 071039 号

回族建筑文化研究：以云南为例

HUIZU JIANZHU WENHUA YANJIU：YI YUNNAN WEILI

著　者：苏　涛	
责任编辑：李　倩	责任校对：李壬杰　贾　丹
封面设计：中联华文	责任印制：曹　净

出版发行：光明日报出版社

地　　址：北京市西城区永安路 106 号，100050

电　　话：010-63169890（咨询），010-63131930（邮购）

传　　真：010-63131930

网　　址：http：// book. gmw. cn

E － mail：gmrbcbs@ gmw. cn

法律顾问：北京市兰台律师事务所龚柳方律师

印　　刷：三河市华东印刷有限公司

装　　订：三河市华东印刷有限公司

本书如有破损、缺页、装订错误，请与本社联系调换，电话：010-63131930

开　　本：170mm×240mm			
字　　数：200 千字		印　　张：13.5	
版　　次：2024 年 3 月第 1 版		印　　次：2024 年 3 月第 1 次印刷	
书　　号：ISBN 978 - 7 - 5194 - 7150 - 7			
定　　价：85.00 元			

序

姚继德

古建筑是一种物化的文化遗存，而建筑文化则是人类文化中的一个重要分支。它以建筑群落朴素多姿的艺术形态，跨越时空，历经风雨，饱含沧桑，存储着人群（民族）、社会、自然之间互动的丰富信息。可以说，人类文化的多元性、民族性、地域性和时代性，都会天然地映射在建筑之中，并以蕴含在其中的物质、制度、精神、图案和符号元素，将族群互动、社会变迁、地理环境、历史演化之间的密切关系，艺术性地浓缩、积淀、固化、记录并展示出来。因此，建筑文化具有历史性、民族性和地域性的鲜明特征和时间-空间-人群的三维特点。然而，在学术界既往的建筑研究中，不同的学科在研究取向上，却各有侧重。比如：建筑学的重点在其材料、技术及形制，艺术学的重点在其结构与审美，历史学的重点在其社会进程，社会学的重点在其社会结构，而人类学的重点则在其"家屋"里的人文关怀。这些学科的建筑研究，虽然各有千秋，见仁见智，但始终未能超越"物质"与"空间"的二维视野，鲜能对之进行一种综合的发掘和深层的文化解读。

苏涛博士的新书《云南回族建筑文化研究》，是他的民族学博士后驻站研究成果，初步弥补了建筑研究中的这种缺憾。作者立足于自己传播学

1

和民族学的交叉学科学术背景，从"民族建筑文化"的独特视角，结合云南回族的历史进程，从滇西、滇南、滇中、滇东北和西南丝路网络上的回族聚居区中，精选出 20 余个城乡回族聚落，对这些聚落中一大批保存至今且完好无损的 1949 年之前建成的传统民居、清真寺、书院建筑和著名人物的陵墓，进行了规范而扎实的民族学田野调查，获取了丰富的第一手素材，在此基础上，对隐没在西南丝绸之路沿线的回族建筑及其文化意涵，进行了多学科交叉的深度论述。

回族是云南的 26 个世居民族之一，已有 700 余年历史。他们在云南的社会分布，具有学界公认的"大分散、小聚居"的鲜明特点。其社群聚落，交错在汉、彝、白、苗、藏、傣、壮、纳西、景颇等兄弟民族村落街巷间。数百年来，回族与各民族毗邻而居，大家商铺相连，贸易互补，田畴相接，阡陌交通，守望相助，友好交往，情同手足。历史上形成的这种和谐民族关系，作者通过对三迤回族建筑中的歇山重檐，回廊格扇，斗拱卷棚，雀替封火，前殿后窑，对厅两厢，石础楔柱，亭台牌楼，青砖琉璃瓦，画栋雕梁，四合五天井、三坊一照壁、走马转角楼等建筑元素的萃取，以及对建筑物上的凤凰仙鹤，飞龙石狮，麒麟鱼脊，风铃花鸟等祥瑞图案的文化剖析，做了栩栩如生的展示。而云南回族建筑中这些多彩多姿的建筑元素和装饰图案，反过来又生动诠释着回族与各民族之间的文化采借、文化涵化与文化融合，使得本书成为一部名副其实的民族建筑文化论著。

本书的研究方法别出心裁，把古建筑作为一种特殊的"文本"来进行考察，分析中不仅关注传统建筑学和艺术学上的营造技术、空间布局、处理手法、审美元素，而且还有民族学（人类学）、历史学、社会学、宗教学和地理学里的自然观、天人观、价值观、民族观、宗教观等的文化深描。尤其值得称道的是，作者在对回族建筑文化的解读中，还以民族学特有的叙事风格，通过大量的文献和访谈资料，将历史上活跃在云南通衢要津、城乡边寨的回族马帮，与遍布在云贵高原西南丝路网络上的回族聚落，有机地贯穿起来，以历史时空中的"古道—马帮—建筑"三组要素，绘成一幅幅灵动的回族社会生活画卷，静中寓动，动中有静，动静交替之间，赋予了物化的建筑以鲜活的生命。因此，作者在以往学界建筑研究的基础上，已经将建筑里丰富的文化意蕴，从传统的"物质""空间"二维视角，提升到了"物质""空间"和"时间"的三维高度，并开创性地提出了回族建筑中蕴涵着的回族文化所特有的"弹持性"的新观点。这是本书在国内回族建筑文化研究领域里的一项学术贡献。

总之，本书通过对云南回族建筑这种物化的文明形式及其发展历程的追溯研究，从建筑文化的崭新视角，探寻了云南回族文化的发展轨迹和文化逻辑。展读是书，主题专精，方法独到，理论扎实，分析透彻，逻辑缜密，图文并茂，论述流畅，新见迭出，文字生动，堪称探讨云南回族建筑文化的首部理论专著，具有鲜明的建筑文化学理论的创新价值。我与苏涛博士相交有年，他谦逊好学，治学严谨，学术视野开阔，理论功底厚实，研究成果丰硕，已然是一位难得的青年才俊。书稿付梓前夕，苏博士送来样书，索序于我。拜读之余，谨将以上心得，不揣浅陋，挂一漏万，采缀成篇，聊酬其雅意。

是为序。

辛丑年岁末 于昆明东陆园文津楼

（作者：云南大学教授）

目　录
CONTENTS

第一章

问题的缘起：回族建筑的文化变通

"似兽非兽，有眼无珠；远看是兽，近看是花"，这句话描述的是中国传统清真寺建筑屋脊上的"脊兽"① 形象，这在一定程度上能够反映出回族传统建筑所蕴含的独特的形式特征和文化内涵。

我国传统的回族清真寺建筑，多采用中国传统（汉式）的建筑风格，即所谓的"庙宇式"或"宫殿式"建筑。而中国古代传统建筑，则讲究在

---

① "脊兽"是中国古代传统建筑屋脊上所安放的装饰性建筑构件——兽件。它们按类别分为跑兽、垂兽、"仙人"及鸱吻，合称"脊兽"。其中正脊上安放吻兽或望兽，垂脊上安放垂兽，戗脊上安放戗兽，另外在屋脊边缘处安放"仙人"走兽。汉族古建筑上的跑兽最多有十个，分布在房屋两端的分散戗脊上，由下至上的顺序依次是：龙、凤、狮子、天马、海马、狻猊、狎鱼、獬豸、斗牛、行什。脊兽由瓦制成，而高级的汉族建筑多用琉璃瓦，其功能最初是为了保护木栓和铁钉，防止漏水和生锈，对脊的连接部位起到固定和支撑作用。后来，脊兽发展成了装饰功能，并有严格的等级意义，不同等级的汉族建筑所安放的脊兽数量和形式都有严格限制。中国古建大都为土木结构，屋脊是由木材上覆盖瓦片构成的。檐角最前端的瓦片因处于最前沿的位置，要承受上端整条垂脊的瓦片向下的一个"推力"；同时，如果毫无保护措施也易被大风吹落。因此，人们用瓦钉来固定住檐角最前端的瓦片，在对钉帽的美化过程中逐渐形成了各种动物形象，在实用功能之外进一步被赋予了装饰和标示等级的作用。古代的汉族宫殿建筑多为木质结构，易燃，因此檐角上使用了传说能避火的小动物。这些美观且实用的小兽端坐在檐角，为汉族古建筑增添了美感，使汉族古建筑更加雄伟壮观，富丽堂皇，充满艺术魅力。梁思成评价道："使本来极无趣笨拙的实际部分，成为整个建筑物美丽的冠冕。"

屋脊上安放几个"脊兽"（即所谓的"五脊六兽"），并以此祈吉祥，以兽镇脊，避火消灾。

回族的清真寺建筑承袭了这种中国古代传统建筑形式，通常也会在屋脊上安放几个"脊兽"，但不同的是，这些"脊兽"已经不是原来那些面目狰狞的动物形象了，而转化为由谷穗、瓜果、花形之类所构成的兽形（"似兽非兽"，见图1-1、图1-2）——它们虽然有鼻、嘴、耳、目，但却无眼珠（即"有眼无珠"，见图2-1）。

图1-1 拖姑清真寺大殿飞檐上的花形装饰构件①

那么，回族清真寺建筑为什么会呈现"五脊六兽"的形制？这些建筑在细微之处又为什么与中国古代传统建筑形制似像非像？

究其原因，可以追溯到明朝初期，当时统治者为了巩固其刚刚建立的政权，在民族、宗教问题上，曾用法令的形式强行禁止大家说胡语、姓胡

————————

① 本书采用的图片除非特别注明，均为作者本人所拍摄。

图1-2 拖姑清真寺大殿围脊上的南瓜装饰构件

姓、穿胡服。因此那些来自阿拉伯、波斯、中亚等地信仰伊斯兰教的军士、工匠、商人及其家属（他们大部分是回族的先民），为了求得生存、保住信仰，不得不做出文化上的妥协和变通。这种变通体现在建筑上，即明代之后的清真寺，不仅大多采用中国传统的庙宇式建造方式，且在外观上与中国其他传统庙宇式建筑没有太大区别。

然而，这并不意味着回族先民对中国传统文化毫无保留地全盘接受，他们在做出文化变通的同时，也对已接受的中国传统文化做出某种修正和创新，即表现在建筑上，除了大量保留"新月"标志之外，在诸如"吻兽"此类的建筑和装饰细节上，创造出了"似兽非兽，有眼无珠"，"有花无蕊"①，"有铃无铛"② 等形式，并最终通过这种创新方式，巧妙地保留

---

① 清真寺建筑内的花卉图案中的花蕊，多由阿拉伯文组成，所以称之为"有花无蕊"。
② 清真寺屋檐上也会安置铃铛，但这些被改造过的铃铛通常不会叮当作响，所以称之为"有铃无铛"。

3

了伊斯兰文化中的核心元素。

　　上述内容虽然只展示了回族建筑文化中一个很小的片段，但足以映射出回族建筑丰富而深刻的文化内涵。

　　那么，该如何对回族建筑所呈现出的上述种种文化现象进行解读呢？作为一种文化遗存，回族建筑经历了怎样的发展和演变过程？回族建筑又能够为我们理解回族社会和回族文化，乃至整个中华文化的发展与变迁带来什么样的视角和实质内容？以上这些疑问，正是本书对回族建筑文化展开考察的逻辑起点。

第二章

作为研究问题的建筑：研究视野与方法选择

第一节　为什么研究云南回族建筑：一种地域性想象

本文是以云南的回族建筑为具体的研究对象。这种设定，隐含着两个方面的预设：一是试图通过云南的回族建筑来探究上述关于回族建筑文化的疑问；二是云南的回族建筑所具有的特征或特殊性，能够为回答上述问题提供充分的材料或案例。

事实上，笔者的问题意识，是来自在调研过程中所受到的某些云南回族建筑的文化震撼。以下，就以大庄清真寺建筑为典型案例，来说明云南回族建筑的特殊文化意义，这也是笔者选择云南回族建筑研究的原因所在。

一、大庄清真寺的特殊案例①

大庄清真寺位于云南省开远市大庄乡大庄街南端，始建于明朝万历年

① 关于大庄清真寺的详细介绍，见后文第三章第二节。

间，清嘉庆十七年（1812年）择地重建。因此，我们现在所见的大庄清真寺，基本上属于清朝的建筑遗迹。

大庄清真寺由礼拜大殿、叫拜楼、前厅、书馆、水房、教长室、大门等建筑组成。礼拜大殿为单檐歇山顶①七架梁结构。大殿前廊为卷棚式②，梁架③用翼形"斗拱"托起。大殿正面檐下施以清式斗拱，面额枋④下施雀替⑤，雀件上雕有飞龙（见图2-1）。

尽管此飞龙没有被点睛（即前文所说的"有眼无珠"），但如此形象生动的"偶像"出现在回族人最为神圣的大殿之前，依然令人费解。

然而，这还不是唯一的"偶像"造型，作为礼拜大殿门脸的雕花格子门⑥（该大殿明间和次间各六扇格子门，稍间四扇格子门）上同样布满了凤凰、仙鹤等动物形象（见图2-2）。

---

① 参见文后附录：中国传统建筑的屋顶形式。
② 卷棚式屋顶，又称元宝顶，是中国古代建筑的一种屋顶样式。为双坡屋顶，两坡相交处不做大脊，由瓦垄直接卷过屋面成弧形的曲面。卷棚顶整体外貌与硬山、悬山一样，两坡出水，唯一的区别是没有明显的正脊。清真寺礼拜大殿的前檐廊多采用卷棚式屋顶，其功能主要是为供穆斯林礼拜时在此存放鞋及雨具，同时也是一个由室外到大殿的过渡空间。
③ 梁架为中国传统建筑木构造体系称谓，是关于梁枋、斗拱、椽望、结点等所有木构件的统称。广义的梁架包括抬梁式、干栏式、穿斗式与井干式四种梁架和梁柱构造。参见：李剑平. 中国古建筑名词图解辞典［M］. 太原：山西科学技术出版社，2011：2.
④ 额枋也叫檐枋，是中国古代建筑中柱子上端联络与承重的水平构件。有些额枋是上下两层叠重叠的，在上的称为大额枋，在下的称为小额枋。
⑤ 雀替又称插角，是中国古代传统建筑中的特殊构件，指置于梁枋下与立柱相交的短木，可以缩短梁枋的净跨距离，防止梁枋与立柱之间角度变形。也用在柱间的落挂下，但是为纯装饰性构件。
⑥ 格子门，也称为格扇，是中国古代传统建筑中在殿阁、民居等建筑中安装的带格眼供采光的木门。一般房屋每间安装四扇高六尺至一丈二尺的格子门，狭窄的稍间安装两扇格子门就够了；如在檐额或梁栿下，则安装六扇双腰串格子门。日本、朝鲜半岛、越南等东亚地区的传统建筑也受中国的影响而有格子门。

图2-1 大庄清真寺大殿雀替上的飞龙装饰构件

图2-2 大庄清真寺大殿的雕花格子门

在大庄清真寺牌楼式大门（为四柱三间三楼牌楼，为典型的中国庙宇式建筑，见图2-3）之上，各种具象和生动的"偶像"得到了更为集中的展示，如门头有二龙戏珠的木雕，大门两侧的麒麟石雕（见图2-4）昂首俏姿、栩栩如生，其脚下还有精湛的龙凤石雕——堪称一座"偶像"的集中营。

图2-3 大庄清真寺大门

如此众多的具象的（神话）动物形象出现在回族人最为神圣的建筑空间——清真寺之内，恐怕无法再用前述"文化上的妥协和变通"来进行简单的解读。

二、云南回族建筑的地域性特征

前文第一章的内容，似乎已经对回族建筑文化进行了一定的解读。然而，云南开远市大庄清真寺的案例（在大庄清真寺建筑群中，不仅有作为

图 2-4　大庄清真寺大门两侧的麒麟石雕

祥兽的麒麟，安然镇守在清真寺大门两侧；飞龙和各种动物的造型，更是直接出现在清真寺最为神圣的大殿之上），却再一次对我们的解读提出了挑战。

那么，云南的回族建筑中是否还隐含着更深刻的文化密码？对云南回族建筑文化的深入考察是否还有其他的可行途径或视角？

就大庄清真寺个案来看，其典型意义或独特之处在于：一方面，它集中了多种看似矛盾的文化符号和表征，从而为我们呈现了一个可供深入解读的复杂的文化复合体；另一方面，正如有回族研究学者所指出的："云南回族具有与以往同质化想象、书写与建构下的回族有不同的地方性特色。"（冯瑜、合富祥，2013）而大庄清真寺的种种文化表现，不仅展现了云南回族建筑的地域性特征，还成为云南回族文化地方性特色的一种具体体现。因此，笔者认为，从云南回族建筑地域性特征的角度切入，能够较为顺利地进入云南回族在地化的文化逻辑和文化实践之中。

具体而言，这种观察视角的问题意识包括：

第一，除了云南开远市大庄清真寺的个案，云南的回族建筑是否具有更多更系统的地域性特征？如果这个问题能够得到肯定的答案。那么，第二，云南回族建筑的地域性特征是否能够丰富我们对这种云南回族文化地方特色的认知？进而，这种通过建筑反映出来的云南回族文化上的地方特色与中国回族文化，乃至中国传统文化之间存在怎样的关系呢？

第二节　如何研究建筑：物质与空间的双维分析视野

"住在住居里的人，建设邻居的人，以及围绕着这些人的社会，当所有这些元素和谐统一的住居诞生时，它就成了文化。"

——［日］伊东忠太

一、关于建筑研究的综述

（一）回族建筑研究

清真寺在其漫长的历史进程中，不仅集中沉淀了回族人宗教、历史、教育、艺术等方面的文化内涵，还跨越时空记录了回族人的所有辉煌和苦难，由此成为其最为重要的建筑形式。

由于清真寺在回族人生活中具有非凡的意义，学者们关于回族建筑的研究主要集中在清真寺这个公共空间。而现有的研究成果，也较多采用了建筑学或艺术学的角度。

《中国伊斯兰教建筑》（刘致平，1985）一书，对包括清真寺、道堂、陵墓等在内的中国伊斯兰教建筑进行了较为全面地分析和介绍，不仅涉及建筑风格、布局、形制、建材、技艺等，还收录了大量与这些建筑相关的古代碑文和引述，并附有建筑测绘图和照片（其中大部分谈论的是回族宗教建筑）。作者所选取的研究视角，与他作为中国著名的古建筑学家和拥有清华大学建筑系教授的学术背景不无关系。

大型图册《伊斯兰教建筑：穆斯林礼拜清真寺》（邱玉兰，1993），分省介绍了中国的著名清真寺与建筑，并附有部分清真寺的平面图、剖面图及文字性的介绍说明。《中国伊斯兰教建筑》（邱玉兰，1992）以23处代表性的清真寺和陵墓为案例，结合200多幅照片和测绘图，就中国各个时期伊斯兰教建筑的构成、布局、空间处理、屋顶造型、装饰等方面进行了详细分析，总结了中国伊斯兰教建筑艺术特点和分布特征。

《中国清真寺综览》（吴建伟，1995）和《中国清真寺综览续编》（吴建伟，1998），这两书收录了全国各地2000多个清真寺。在研究中国清真寺建筑风格的同时，突出历史的维度，以图文并茂的形式对中国清真寺的发展历史做了详细的介绍，具有较高的学术和史料价值。《中国伊斯兰建筑》（路秉杰，2005）从建筑与人文的角度，采用论述、测绘、摄影等手段，较详尽地介绍了中国清真寺建筑的基本形制，勾勒出中国伊斯兰建筑的美学特征和艺术风貌。

其实，来自建筑、艺术学科领域的学者们早已关注了回族建筑，并进行了卓有成效的研究。然而，正如建筑学家吴良镛所指出的："每每就建筑论建筑，从形式、技法等论建筑，或仅整理、记录历史……"（吴良镛，2003）因此，关于建筑，需要更为宽阔的视野。

杨宇振在对中国西南地域建筑文化的研究过程中，也提出同样的批评："由于缺少交叉学科的支持以及西南地区纷繁复杂的地理地貌、人群种类、多变的历史演化等客观原因，大部分成果更多在于资料收集与工程技术上，在于对现有事物的描述上，或者在于实际应用的方法研究，而对于现象背后深刻而丰富的历史人文背景的探讨略显不足……"（杨宇振，2002）杨宇振的批评虽然主要针对西南建筑研究，但同样适用于回族建筑研究。传统的回族建筑研究大都采用较为单一的取向，拘泥于资料的收集整理和技术层面的探讨，而缺乏对建筑"文化"的深入研究——譬如将其放在社会和历史的脉络中，在价值观的层面探讨建筑与民族文化、建筑与人的关系。

《宁夏回族建筑研究》（李卫东，2012）虽然仍然延续了此前相关研究的建筑学传统——重视回族建筑的结构、空间布局、材料技法、装饰等特征，但作者引入了民族学和社会学的方法和视野，在大量田野调查法的基础上，将研究引向回族建筑的历史与文化特征，并在此基础上形成了很多有关文明对话和文化自省的反思。因此，它不仅为我们呈现了一种新的研究视角，也代表着一种有价值、值得进一步拓展的研究方向。

《当代回族建筑文化》在绪论部分对回族建筑文化研究做出了有益的反思。"本书的目的除了关注建筑本身之外，正是通过这些可见的结果，来探寻行为的过程，挖掘背后的思想观念。依次路径不断深入，便可发现，丰富的回族建筑符号正是不同历史场景中人与社会互动关系的体现。在笔者看来，以此视角出发对回族建筑文化的探究与呈现才会显得厚实、真实而细腻。"（孙嫱，2014）可以说，这位作者的想法，在一定程度上与本研究不谋而合。但可惜的是，作者在后文的考察和论述过程中，并没有真正地践行她的这一想法，而是把大量的精力和篇幅花在对中国回族建筑的资料性的描述和总结上。最终，作者那令人眼前一亮的研究思路，也淹没在这种程式化的考察和描述之中了。

总之，现有的回族建筑研究问题在于：一是囿于传统的建筑学视野，思路过于狭隘，就建筑而言建筑，在资料性价值之外理论性价值明显不足；二是考察范围太大，而又没有一个具体的依托，不仅整体研究流于空泛，更遮蔽了其中差异和细节。因而，无法获得启发性的结论和发现。

那么，如何才能循着这条思路，真正实现对回族建筑文化"厚实、真实而细腻"的考察和描述呢？笔者认为，一方面，需要真正深入回族建筑的社会和历史脉络之中去；另一方面，需要超越就建筑谈建筑的单维学科和思维视角。也就是说，需要我们在研究过程中对既有的学科视野和思维范式同时做出转换（而不仅仅是对人类学方法的简单挪用）。那么，如何才能有效地完成这种转换呢？下面两位学者对建筑文化研究的批判性思考值得借鉴。

杨宇振认为："建筑文化的研究与地域生态紧密相关，脱离地域的自然与人文生态空谈建筑文化则是'刻舟求剑'，是没有根基的空泛研究。所以，深入到具体的地域和文化中去，才能有所收获。"（杨宇振、戴志中，2001）在此，他提出"地域生态"的概念，旨在强调建筑文化作为一地文化系统中的一个有机组成部分，与这个地域文化系统中的其他部分（包括物质、制度和心理思维等层面），如风土人情、历史地理、社会制度、宗教信仰、行为规范、价值观念等有着密不可分的联系与影响。

吴良镛同样强调在建筑文化研究中的地域性，并在此基础上进一步引入了文化交流的视野。他认为："如果能进一步弄清不同地区建筑文化的渊源，和各地区建筑文化发展的内在的，而非臆造的规律，比较它们相互之间的差异，研究其空间格局，这将不仅大大深化我们对中国建筑发展的整体认识，并进一步阐明其个性所在，加深对整体个性的理解，还更有助于我们理解中国建筑的区域特色。"（吴良镛，1996）相对于杨宇振提出的"地域生态"，吴良镛对于"地域文化间的相互联系与影响"的提示，则把我们带入了一个更为广阔的文化交流视野。具体到回族建筑文化研究，意味着需要我们跳出一时一地的思维局限，将其放在整个中国建筑和中华文化中加以重新审视和考察，在比较和追根溯源的过程中，深化对回族建筑文化乃至整个中国建筑文化和中华文化的认识。

（二）人类学视野中的建筑研究

人类学对于建筑的研究，得益于其整体观思维，它一开始就在一个非常宽阔的视野中展开。摩尔根（1881）在1881年，通过对美国印第安人各种房屋建筑的民族志研究，分析了美国印第安人的土地和食物的风俗习惯及社会、政治组织等生活状况。在摩尔根看来，定居乃至居所的出现，在很大的程度上，意味着"驯养"的存在，从而彰显了住屋在理解人类心智和社会过程中所具有重要意义。马塞尔·莫斯（M. Mauss，1979）则在1979年，对因纽特人的住屋、居住形式及聚落进行了研究。莫斯发现，因纽特人的社会生活会随当地生态环境而有冬、夏之分。夏天他们以核心家庭为单位而分散到各地去打猎捕鱼，冬天则集中住在一间大房屋里，共同狩猎及举行仪式。因此，莫斯认为，因纽特社会所呈现的特性，并非仅指其本身，而是涉及所有人的社会——也就是每个社会都有一个季节性的节奏来调整它对立的生活步调：如神圣对世俗、集体对个人。摩尔根和莫斯通过这些讨论，明确了住屋在人类进化历程上的重要意义。

与这些早期人类学者相比，布尔迪厄（Bourdieu）似乎格外重视建筑对于人类社会的意义。他不仅视住宅为传统和文化延续的载体，是居住者的基本文化实践技巧（practical mastery）的习得场所，甚至宣称房子在无文字社会里还是思想的"仪器"（范可，2005）。例如，在其对阿尔及利亚柏柏尔人住屋的研究中，他从建筑与宇宙论原则关系入手，认为柏柏尔人的住屋是一种涉及性别与其他社会象征原则的宇宙结构化组织的隐喻（布尔迪厄，1973）。

列维·斯特劳斯（1987）通过将一些无文字社会里的房屋与中世纪欧洲贵族的宅第进行比较，把建筑研究引向住屋与社会制度之间的关系上来，提出了"家屋社会"的模式。列维·斯特劳斯的研究不仅加深了我们对世界上不同文化中房屋建筑与特定社会过程之间关系的认识，也大大激发了人类学者对这一问题的关注。

（三）建筑研究的两种取向分析

建筑对来自不同学科的学者有着不同的意味，或者说，不同学科对建筑有着不同的旨趣。因此，在研究建筑的领域内逐渐形成了两种取向（范可，2005）：以建筑学、艺术学的学者为代表的人文、美学取向和以人类学者为代表的社会科学取向。建筑学和艺术学的学者对建筑本身的关注要多于其他任何方面。他们多将注意力放在构成建筑的材料、技术、设计、建筑形式、空间组织，以及象征意义、艺术特性、美学价值等等方面。然而，相对来说，他们较少关注生活在房屋中的人及其社会组织。这种取向的研究虽然把重心放在作为文化载体的建筑本身上，但正如前文所述的，难免陷入"就建筑而谈建筑"的窠臼。

人类学者有着完全不同的理论旨趣。他们对房屋建筑的考察往往是从属于其他研究课题，如亲属制度、婚姻关系、经济活动等等。这种整体的研究思维，不仅为建筑研究开辟了极为广阔的空间，更将建筑（特别是住屋）同一些大的课题，或某些深切的关怀联系起来。

列维·斯特劳斯揭示了房屋住所在亲属制度和社会结构中的象征意义；布尔迪厄视房屋为传统和文化继替的重要场所；托马斯和海曼则认为房屋是地方与外部世界的联结点，这使人领略到由此而引起的，地方上的急剧的社会文化变迁（范可，2005）。

人类学者的取向，为建筑研究带来了整体观的视野和深切的人文关怀。然而，这种取向也不是没有问题的。人类学者研究建筑，却不以建筑为主题，所以在考察建筑时，他们往往将建筑与涉及其他人类社会本质的基本命题联系起来，因而建筑本身实际上是被忽略的，从而难以帮助我们理解诸如建筑美学背后可能潜藏的一些文化意蕴。此外，在很多人类学者眼中，这些建筑（住屋）是静态的，建筑似乎一直与外界隔绝，仅仅成为有关社区延续传统的文化载体。最后，可能由于人类学根深蒂固的客观取向（objective approach），在这些研究中，我们较少看到当地人对有关现象的阐释以及他们的看法和思考。

二、问题化建筑：物质与空间的双维视野

长期以来，建筑不仅是建筑学、艺术学考察的重点，同样也成为人类学、社会学等学科关注的对象。尽管每个学科的出发点和关切点不完全相同，但有一点却是一致的，那就是，大家都把建筑作为一个值得深入研究的问题——即"问题化"（problematize）建筑。也就是说，面对建筑这个研究对象，大家紧紧围绕各自的问题意识，组织研究思路和研究框架，指引缜密的资料收集与分析。

应如何在借鉴各学科经验的基础上"问题化"建筑，以顺利推进操作层面的回族建筑研究？笔者认为，社会学家约翰·厄里（2012）及其合作者所提倡的"新移动范式"（new mobilities paradigm）值得借鉴。

在不同的著作中，约翰·厄里指出传统的社会学研究要么关注在固定地点和空间发生的事情，要么强调全球化下社会现象和过程的去地域化（deterritorialization），而忽视物理空间的重要性，较少关注人和对象的流动如何建构社会现象、组织和协调社会行动，以及塑造空间和地方。因此，他们提倡社会科学研究应走向一种"新移动范式"。约翰·厄里等人所提倡的"新移动范式""并不是一种新的宏大理论或宏大叙事，它的重点在要求研究者认真看待移动在社会生活中的位置、探讨相关的问题，以及发展适合研究移动现象的方法"（李立峯，2019）。

循着"新移动范式"的这种思路，本节在对回族建筑进行问题化的过

程中，一方面借鉴前述两种建筑研究取向的特点，另一方面结合对云南回族建筑的地域性想象，进而把建筑作为回族人进行自己"在地化"实践的空间，据此展开对它所携带的多维物理空间和社会关系的分析。同时，笔者认为，在整体的时空分析视角下①，建筑作为一种基于特定空间的文化，不仅是人们展开自己在地化实践的场所，更蕴含着一个文化交流、文化传播和族际互动的历史脉络。因此，最终形成了"物质"与"空间"两个相互连接的操作性观察和研究维度。

（一）建筑的物质性

建筑，在一般意义上常被理解为"物质"，这种物质性（materiality）同样反映在它三位一体的基本建造原则上：即适用性、坚固性和美观性（维特鲁威，2017）。这也是建筑学、艺术学等学科建筑研究的出发点和基本视角。这种视角，基本上是把建筑作为纯粹的物质形式（砖头、石头、木材、混凝土）来进行解读。

尽管这种解读是需要的、基本的，但是这里"物质"概念的内涵和外延还需要进一步拓展。结合本书的研究目的，笔者认为，对纯粹物质概念的拓展，在操作层面上至少可以在两个方面展开。

一是建筑的文本特征分析。具体而言，就是将建筑作为"象征文本"，通过回族建筑的总体布局、空间结构、外部风格与细部处理、内部的装饰和设置等方面的具体考察和美学分析，揭示蕴含在其中的文化、宗教等方面的意蕴与内涵。这也是物质和空间两个分析维度得以展开的基础。

二是建筑的物质情境分析。"建筑形式还可以从不同的方向来解读，诸如意向、隐喻、表现、遗迹、症候，或者符号，以及这些呈现方式特定的物质情境，即它们的物质性，如何促进了人类关系的形成。"（维克托·

---

① 这种时空视角的优势在于：对空间关系的重视和对历史脉络的强调。

布克利，2018）这种物质情境分析，既包含了建筑通过其多样的物质呈现方式所发挥的社会性作用，也包括了它所造就的独特生活脉络和文化实践。

（二）建筑的空间性

"物不但象征了各种文化观念和成就，而且也是各种文化观念和成就的具体体现。"（Berger，2016）因此，作为客观实体的物质，由其丰富的表征性和作为物质文化载体的良好承接性，而成为人类所感知世界的主要内容。然而，人类对物质世界的感知需要借助空间——空间的分类系统是有着独立存在的逻辑和运作机制，能够帮助我们重新理解社会的发展或解释人类的行为。因为，物质性在某种程度上体现为空间性①，也即物质空间。

物质空间"既是人类行为实现的场所和人类行为保持连续的路径，又是对现有社会结构和社会关系进行维持、强化或重构的社会实践的区域"（潘泽泉，2009）。因此，它不仅是社会文化的实践场所，还对应着丰富的社会关系类型和日常生活情境。正是在这一点上，建筑的物质性（特别是物质情境）与空间性实现了连接——建筑既是物质空间，也是文化、社会和实践空间。

最后，需要强调的是，"具有公共性的空间并不是先验存在的（being），而是在动态生成中的（becoming）；它处于物质地、技术的和社会的形塑的过程当中。"（Silverstone，2005）因此，建筑作为物质空间，容纳各种相遇和交往，但它并不是先验存在的，而是处于持续的动态生成中。

---

① 这里的空间性是指在特定的地理性层面中，人们的日常生活、交流活动、社会关系相互建构形成的结构特征。

三、研究方法的选择和研究对象的限定

（一）研究方法的选择

"研究中国建筑的方法包括两个方面：第一是文献研究，第二是史迹调查。这两方面的成绩如果能够相互吻合，就可以被认作真正的事实。"（伊东忠太，2018）本研究侧重于历史与时空的脉络，因此，在具体的方法层面，采用文献研究与实地调查相结合的方法。文献研究能够通过收集、整理归纳相关文献，对考察对象或事实形成科学的认识。此外，文献法超越了时空限制，通过对文献梳理能够了解到考察对象或议题的历史与发展，以及其他广泛的相关社会情况，适合做纵观的历史分析。当然，它的缺陷也是显而易见的，即常常隐含着由个人偏见、作者的主观意图以及客观条件限制所形成的各种偏误。因此，作为二手资料，它的准确性、全面性和客观性难以保障。

实地调查（包括观察与访谈）作为一种与研究对象实质接触、沟通，以收集相关一手资料的方法，则在一定程度上能够弥补文献法的缺憾。它通过实地考察收集有关研究对象或现象的一手资料，进而形成对文献资料的鉴别、补充或相互的印证。

（二）研究对象的限定

本书对回族建筑的考察，沿袭了前辈学者的做法，仍然是以清真寺为主，同时包括部分民居、学校（书院）、陵墓等。

首先，清真寺在回族文化和回族社会中具有举足轻重的作用。清真寺与每一个穆斯林的生活息息相关，它不但是回族人宗教活动和宗教文化的中心，而且跟其日常的道德规范、生活习俗、饮食文化等方面也形成了紧密的、难以分割的关系。

其次，清真寺往往是回族聚居区的中心。从分布来看，哪里有清真

寺，就意味着哪里的回族居住比较集中。正如有学者所说的："一座清真寺不管在什么地方兴建，其先决条件，这里必须先形成一个穆斯林聚居区，所以说一座寺的创建与居民区的形成，可以互为参证。而清真寺的大小，常与居民数成正比。"（彭年，1996）

据学者王建平（2001）的研究，明清时期云南回族清真寺建筑，大都属于中国传统的庙宇式建筑形式。而民国时期的清真寺建筑，则与明清时期没有大的变化和区别。直到中华人民共和国成立后的 20 世纪 80 年代，清真寺建筑形式才发生了较大的变化——多数新建的清真寺，受到伊斯兰文化的影响以及出于经济上的考虑，大都呈现出新式（即所谓的"阿拉伯式"）的建筑特征。

因此，在时间段上，本书将考察对象限定为中华人民共和国成立前的回族建筑，特别是以明清、民国时期①的回族建筑为主要考察对象。

第三节　"西南丝绸之路"上的回族建筑：考察路径的确定

本书试图将云南回族建筑的地域性作为整个研究的切入点。而经过前期的实地考察与文献梳理，笔者认为，云南回族建筑大量沿"西南丝路"分布的状况（详见第四章），是一个能够凸显其地域性的重要方面。

云南回族建筑为什么会大量分布在"西南丝路"沿线？其中必有其自身逻辑，而在这逻辑之中，或许蕴含着能够帮助我们进一步深入解读云南

---

① 由于许多建筑在建成之后都存在着后期的大规模维修、扩建，甚至重建、迁建等情况，同时也由于新建筑与历史建筑之间的紧密的承继关系（这种承继关系的情况较为复杂，后文将会展开论述），本书并没有根据建筑初次建成的时间来对其进行简单的划分，而是在考虑到建筑的历史脉络的情况下将一部分新中国成立后尤其是改革开放以后重建的建筑同样纳入考察的范围。

回族文化的密码。因此，本书采用一种时空的分析视角，将云南回族建筑作为一条隐没在"西南丝路"——这个不同文化接触或重叠地带的重要"线索"，借此展开对回族文化的发展轨迹和历史脉络的追溯。

一、西南丝绸之路

"西南丝绸之路"（以下简称"西南丝路"），又称"南方丝绸之路"，它是一条与陆上丝绸之路（北方）、海上丝绸之路相齐名的中外经济文化交流通道。长期以来，它在我国与南亚、东南亚，甚至欧亚大陆的经济文化交流中，发挥了重要的作用。

在时间上，"西南丝路"的开通要远远早于由长安经河西走廊通往中亚和欧洲的那条著名的陆上丝绸之路（北方）。甚至有学者认为，它"起码比西北丝绸之路早 400 年"（王明达，1994）。

"西南丝路"作为我国古代西南地区与南亚、东南亚之间的国际大通道，实际上只是一个统称或泛称，它不是指代某条具体的道路，而是包含了若干条线路，并构成了一个庞大的交通网络。

19 世纪 40 年代，基于当时抗战的现实和需要，学者们开始关注中印公路，逐渐兴起了对"西南丝路"网络的研究。20 世纪 80 年代后，研究者们更是从文献考据和田野资料两个方面，不断丰富着对它的认识。

在关于"西南丝路"的研究中，虽然学者们有各种不同的看法，但大家对"西南丝路"的基本走向上还是形成了比较一致的意见："这条商道始于成都，进入云南之后有两个去向：一是从云南西部接通缅甸北部和印度东北部；二是从云南中部南下进入越南及中南半岛。"（屈小玲，2011）"西南丝路"的这两个基本的走向，实际上沿袭了两条西南古道——"蜀身毒道"和"进桑麋泠道"的方向和线路。而这两条古道及其线路，也成为"西南丝路"网络的两条主干。

二、"蜀身毒道"：最古老的"丝绸之路"

"蜀身毒道"，历史上又称"蜀天竺道""蜀印度道"，其基本路线是从成都经永昌郡（今云南西部）到达"身毒"（今印度）。这条古道不仅是今天"西南丝绸"网络的一个主要支系，也成为"西南丝路"研究者们关注的主要对象。关于西南丝路的研究，研究者们大多围绕这条道路而展开。

如前文所述，"西南丝路"的开通时间要远远早于北方的陆上丝绸之路，虽然确切的年代无法考证，但毫无疑问的是，这条路在汉代之前就存在了。《史记·大宛列传》（卷一百二十三）中记载，汉武帝元朔三年（公元前 126 年），张骞出使西域归来，对汉武帝说：

> "臣在大夏（现阿富汗）时，见邛竹杖、蜀布，问'安得此?'大夏国人曰:'吾贾人往市之身毒，身毒在大夏东南可数千里。其俗土著，与大夏同，同卑湿暑热云。其人民乘象以战。其国临大水焉。'以骞度之，大夏去汉万二千里，居汉西南。今身毒国又居大夏东南数千里，有蜀物，此其去蜀不远矣。今使大夏，从羌中，险，羌人恶之；少北，则为匈奴所得：从蜀宜径，又无寇。"①

上述文字不仅是"身毒"② 一词首次出现，也是关于"蜀身毒道"的最早文献记载。张骞出使西域，不仅为西汉打通了通往西域的对外交通道

---

① 司马迁. 史记［M］. 长沙: 岳麓书社, 1988: 888.
② 音"yuān du"。参见: 郑婕."身毒（印度）"读音考［J］. 山西大学学报（哲学社会科学版）, 2007（2）: 75-76.

路，而且还发现了从西南地区通往印度的古道——"蜀身毒道"的存在。

有些中外学者认为，这条古道实际上早在西汉以前就已存在。他们推断，大概在公元前 4 世纪的先秦时期，"蜀身毒道"就由民间开通——四川的商人将产自成都一带的丝绸、蜀布和邛竹杖等物资，经由川西平原、滇西地区，运至缅甸、印度等国。

例如，季羡林（1957）认为："在乔胝厘耶（Kautiliya）著的《治国安邦术》里有产生在脂那（即 China）的成捆的丝的话，意为中国的成捆丝。乔胝厘耶据说生于公元前四世纪，是孔雀王朝月护王的侍臣。假如这部书真是他著的话，那么，据此迟在公元前四世纪，中国丝必已输入印度。"印度学者 R·塔帕尔（1990）也认为，印度孔雀王朝与中国最早的接触，"要做出精确的判断是很困难的。……若是有过联系，它必然是经由阿萨姆与缅甸方向的东北山脉"。而这条需要翻越东北山脉到印度的道路，只可能是经云南进入缅甸再前往印度的那条古道——蜀身毒道。张星烺在《中西交通史料汇编》中引用德国学者雅各比（H. Jacofi）的论文说，在公元前 320 年至前 315 年印度旃陀罗笈多王朝历史学家"乔胝厘耶"的著作中，曾有中国（China）产丝，商人常贩至印度的记载（何耀华、何大勇，2007）。

三、蜀身毒道的主要路线

"蜀身毒道"的基本走向虽然都是成都经大理、保山进缅甸最终到达印度。但其线路从成都出发后，又分为两路分别从西南和东南方向进入云南。西路被称为"零关道""西南夷道""牦牛道"或"清溪道"。东路又被称为"五尺道""僰道""南夷道""石门道"或"牂牁道"。两路进入云南后最终在大理会合，合并后的"蜀身毒道"大理至保山段，又被称为"博南道""永昌道""天竺道"等。

西南丝绸之路又称"蜀身毒道"，从四川起步，分别走东南面的五尺道和西南面的灵关道，最后汇合于大理，古道沟通了边疆与中原各地的经济贸易与文化交流，是一条各兄弟民族南来北往的走廊，在长期的交往中，共同创造了光辉灿烂的中华文化。它对中外社会、经济、文化的交流做出了重要的贡献，其在历史上所起到的作用，丝毫不亚于陆上丝绸之路。

西南丝绸之路是一段被岁月封存的历史，随着岁月的流逝，朝代的更替，绝大部分丝路古道，已淹没在时间的风雨之中，但一些雄关险道，骠马蹄印，诗联题刻，至今仍留有深深的历史印痕，记录着这条当年通向印度古道的辉煌。

四、进桑糜泠道：高原大陆的出海口

云南省与越南毗邻而居、山水相连，双方拥有的共同边界长达 1343 千米。在行政区划上，云南省的红河州（河口县、金平县、绿春县）、文山州（富宁县、麻栗坡县、马关县）与普洱市（江城县）多地与越南接壤。正是得益于这种地缘上的关系，云南与越南之间的通道与交通，很早就得到了开发，两地的民间贸易往来也因此而得到持续发展。《史记索引》《水经·叶榆河注》《越史通鉴纲目·前编》等古籍上的相关记载表明，"最迟在公元前 3 世纪时，从四川经云南至今越南北部的交通就已开通了"（颜星、黄梅，2003）。

虽然"进桑糜泠道"同样拥有着悠久的历史，但与"蜀身毒道"相比，学界对它的研究相对稀少，甚至有学者认为，"进桑糜泠道"只是云南与缅甸、印度之间的一条辅助性通道。

然而，不容忽视的事实是，尽管"进桑糜泠道"在历史上不如"蜀身毒道"繁华，但是它却为云南高原大陆提供了一个难得的便捷出海口，并

因此与"蜀身毒道"一起，构成了云南乃至中国西南地区对外交流的"两条腿"。

正是因为看到了这一点，有学者从海路的角度对它给予了很高的评价：

> "进桑麋泠道的开通发展是自发的，很少有政府开拓的因素，我们认为，进桑麋泠道的形成和发展，是云南先民长期探求便捷出海通道的结果。交州港的兴起与进桑麋泠道开通，相辅相成，进桑麋泠道沟通了交州港与云南乃至中原内地交通联系，使交州港这个对外贸易港口获得了与云南及中原内地广阔的贸易市场；同样，进桑麋泠道沟通了云南与交州港的联系，使闭塞的南中西南夷各民族有了一条最便捷的出海通道，并通过交州港与海外世界取得联系，开拓了交往的范围。"（陆韧，1997）

五、进桑麋泠道的主要线路

《水经注·叶榆河》（卷三十七）关于这条古道有如下记载：

> "叶榆水又迳贲古县北，东与盘江合。盘水出律高县东南监町山，东径梁水郡北，贲古县南，……建武十九年（公元43年），伏波将军马援上言，从麋泠道出贲古击益州。……入牂柯郡西随县北为西随水，又东出进桑关，进桑县，牂柯之南部都尉治也。水上有关，故曰进桑关也。故马援言从泠水道出，进桑王国至益州贲古县，转输通利，盖兵车资运所由矣。自西随至交趾，崇山接险，水路三千里。"①

---

① 郦道元，陈桥驿. 水经注［M］. 杭州：浙江古籍出版社，2001：569.

据考证（林超民，1986），叶榆水为今元江，下游称为红河，梁水为今之南盘江，益州的治所在晋宁，贲古在今个旧市，进桑关在今河口县，西随在今建水县，交趾郡位于今越南河内。

"进桑糜泠道"虽然主要沟通了滇越两地的交通和贸易，但在不同的历史阶段，其具体线路和贸易内容却不完全相同。例如，早期主要是利用红河水道进行对外交流；到了汉晋时期，则发展出今天"进桑糜泠道"基本格局，并带动了滇越交界地区民间贸易的兴起；而在南诏大理国时期，以牛马换取越南海盐的贸易曾兴盛一时。

此外，"进桑糜泠道"在长期的发展中，除了红河（河口）之外，还形成了通过文山出云南东南隅，抵达河内的路线。但这两个出口或线路发展并不十分均衡，还是主要流经红河水道（糜泠江）沿线，由河口（进桑关）出滇，到达越南河内（交趾）并最终出海的这条路线为主。"至少在宋代以前，云南与越南的边界贸易都集中在今红河州境内，利用红河水道进行沟通，而文山地区，则因深山密箐，人口稀少，交通不便等原因，成为云南古代开发较晚，发展迟缓的地区。"（李燕，1999）

由此可见，"进桑糜泠道"主要是指连接云南河口与越南北部，最后从河内出海的一条古道。其线路主要从成都出发，经云南中部，沿盘龙江、红河南下，途径通海、建水、个旧、蒙自、河口等地进入越南，最后由越南出海，成为沟通云南与中南半岛的最古老的一条陆海大通道。

第三章

"汉人有钱存粮，回族有钱盖房"：
"西南丝路"沿线的回族建筑考察

本章综合了在文献与实地调研资料的基础上，按照空间分布的顺序对"蜀身毒道"和"进桑糜泠道"沿线重要的回族建筑进行了逐一介绍。在时空的分析视野下，为了能更好地揭示蕴含在云南回族建筑文化中的在地化的实践以及文化交流的历史脉络，本章不仅包含了对建筑本身的描述，也包含了对地方的历史沿革、地理等方面的背景介绍以及相关的历史记忆。

第一节 "蜀身毒道"沿线的回族建筑

一、昭通鲁甸

昭通市地处滇东北，为云南的东北屏障。明清以来，汉族移民和汉文化传播是从川南和贵州进入滇东和滇中地区的，因此昭通作为中原文化传入云南的重要通道，是云南与中原进行交流的重要枢纽，也是云南历史上开发较早，以及接纳外界文化较集中的地区。

秦汉时开通的五尺古道穿境而过，为中原进入云南内地之通衢要枢，石门雄关通川达黔，素有"锁钥南滇，咽喉西蜀"，"华夏文化外延的门户，云南文化内聚的津梁"之美誉。境内山岳绵亘，江河棋布，乌蒙磅礴，沃野星缀，气候立体，物产丰腴，民族众多，文化璀璨。勤劳智慧的汉、彝、苗、回四大主体民族生活其间，村落交错，阡陌相通，守望相助，互相学习，团结进步，共同创造了独具特色的乌蒙文化。其中回族人口有 17 万余人，占云南全省 67 万回族人口的四分之一，位居云南各州市回族人口之冠。

（一）拖姑清真古寺

1. 桃源回族乡

桃源回族乡位于鲁甸县东南部，距县城 4.5 千米，属于昭鲁坝区。桃源回族乡地处两省三县区接合部，国道 213 线、昭待高速公路（昭通昭阳区至会泽县待补镇，系我国西北地区通往西南地区的主要交通运输通道）从境内穿过。乡内最高海拔 2475 米、最低海拔为 1910 米，年平均气温12.2℃，年降水量为 900 毫升。全乡国土面积 60.37 平方千米，辖 5 个行政村，2 个社区，111 个村民小组，境内居住着回、汉、彝三个民族。农作物种植以烤烟、水稻、玉米、马铃薯为主，其中烤烟是全乡的支柱产业。

桃源回族乡是云南 11 个回族（联合）自治乡之一（见文后附录 2），也是一个典型的回族聚居乡。根据 2014 年末统计数据，全乡总人口 10888户 41374 人，其中回族 38891 人，占总人口的 94%，所占比例在全省回族乡镇中名列前茅。全乡依法登记注册的清真寺 36 所。①

2. 拖姑清真寺的历史与形制

拖姑清真寺，位于桃源回族乡"拖姑"② 村，距离鲁甸县城约 10 千

---

① 云南数字乡村. 桃源回族乡［EB/OL］. 云南数字乡村，2015-01-09.

② "拖姑"：系彝语，意指"美丽的地方"。

米。清真寺建筑群被与林木、沟壑交错的良田所环抱，树木成荫，环境幽静。

拖姑清真寺始建于清雍正八年（1730 年）。根据寺内的建寺碑文记载（见图 3-1）："雍正年间，乌蒙开辟，各姓祖人，落籍于业，马氏祖人麟灿、麟炽二位举人随哈（名元生）将军征平乌逆落于此。"该碑文记载了清朝武官蔡家地马姓先祖马麟灿、马麟炽因战功而获得封地——拖姑地区①，并带头捐资建造了拖姑清真寺正殿的史实。至乾隆二十年（公元1755 年），经主寺阿訇"赛焕章"牵头，村民到四川、贵州、陕西、宁夏及省内各地募捐，相继修建了唤醒楼、厢房等配套建筑，此后又几经扩建，最终形成现有的规模。

图 3-1　拖姑清真寺内的建寺碑文

---

① 　根据访谈资料可知，原来祖居此地的彝族人发生过叛乱，回族将领平息了叛乱后，受封此地落籍为民。

拖姑清真寺是当时随哈元生到昭通地区的回民官兵所修建的最早的清真寺①，也是昭通地区最古老的清真寺。就建筑艺术风格而言，拖姑清真寺是典型的中国传统风格建筑，素有"甲益全滇"的美称，也是昭通地区一百多座清真寺的典型代表。因此，拖姑清真寺被尊为滇东北回民的"祖寺"。目前已被国家列为"省级重点文物保护单位"。

拖姑清真寺整个建筑群现占地6亩，共有房屋30多间。采用典型的中国合院（庭院）式布局，坐西朝东，由照壁、前门楼阁（唤醒楼）、左右厢房、礼拜大殿、后院塔房等建筑组成。其中，清真寺寺门又与照壁相互独立，并与寺观相映成趣。整体平面布局（如图3-2）：

照壁位于寺门前，约6米高，7米开阔。照壁上题写一副对联："教为清真凡事必须清白，道本仁爱一切不外仁慈"，横批为"认主独一"。简洁阐明了伊斯兰教的宗旨，以及中国伊斯兰教与儒家仁爱思想相结合的特点。

宣礼楼（因其正面一重檐正中写有"唤醒楼"三个大字，所以又称唤醒楼，见图3-3）与寺门合为一体，为"五重檐六角攒尖顶③"的亭阁建筑。它不仅是整个建筑群的最高点（通高25米），也代表着整个建筑群的最高艺术水平。正如其两个侧门上的横书对联"层图重辉，华赠书益"，生动地概括了寺院的全貌和艺术特征。

---

① 据《民国昭通县志稿》卷六记载："前清哈元生两次平昭，所带兵丁多系回民，领土占籍，择取地方，悉得东南一带高原。其俗强悍，重耕牧，习武事。科举时代常中武魁。及入伍者，亦出显宦。但居乡人多，除农畜外，以走场贸易为事。住城中者，皆聚积东南岗，以造毡子做皮货为生计。在当时所设清真寺，共有四十八所。"参见：卢金锡，杨履乾，包鸣泉. 民国昭通县志［M］. 昆明：云南省图书馆，1992：79.

② 攒尖顶是指将屋顶积聚成尖顶型，攒尖屋顶只有坡瓦面、垂脊和宝顶。多用于作观赏性殿堂楼阁和凉亭建筑，分为单檐和多檐；多边形和圆形。（图片样式参见文后附录1）

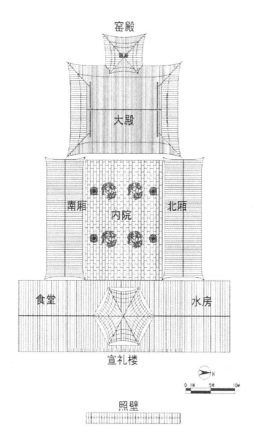

图 3-2　拖姑清真寺整体平面图①

从正面看宣礼楼，为五重檐、四层；从背面看，因在一楼的上方，加了一层挑檐，故成五层。宣礼楼的底层由 3 间土木结构的瓦房（东西立面为三开间）组成，以"天倦堂"命名（书写在入口处正面门楣之上），入口处采用牌楼的形式。底层、二层为重檐四边形，三层、四层、五层逐渐内收为六边形，三重檐攒尖顶。从三层起，平面形式由四边形变六边形。三层有柱 10 根，四层有柱 10 根，分为内外两圈柱，五层有柱 6 根。

---

① 余穆谛. 云南清真寺建筑及文化研究 [D]. 昆明：昆明理工大学，2008：34.

图3-3 拖姑清真寺宣礼楼（唤醒楼）

宣礼楼是最为巧夺天工、独树一格的工艺，其整体是通过复杂的榫卯结构①套叠而成，一柱通顶而毫无钉镙之痕。即通过立于堂中各部位的圆

---

① 榫卯结构，中国古建筑以木材、砖瓦为主要建筑材料，以木构架结构为主要的结构方式，由立柱、横梁、顺檩等主要构件建造而成，各个构件之间的结点以榫卯相吻合，构成富有弹性的框架。榫卯是在两个木构件上所采用的一种凹凸结合的连接方式。凸出部分叫榫（或榫头）；凹进部分叫卯（或卯眼、卯槽），榫和卯咬合，起到连接作用。这是中国古代建筑、家具及其他木制器械的主要结构方式。榫卯结构是榫和卯的结合，是木件之间多与少、高与低、长与短之间的巧妙组合，可有效地限制木件向各个方向的扭动。最基本的榫卯结构由两个构件组成，其中一个的榫头插入另一个的卯眼中，使两个构件连接并固定。榫卯结构广泛用于建筑，同时也广泛用于家具，体现出家具与建筑的密切关系。榫卯结构应用于房屋建筑后，虽然每个构件都比较单薄，但是它整体上却能承受巨大的压力。这种结构不在于个体的强大，而是互相结合，互相支撑，这种结构成了后代建筑和中式家具的基本模式。

柱，挑起层层叠叠的梁椽，经各层间圆木交错榫接，一柱通顶，构成一个六角形构架。这样复杂的建筑工艺不仅在云南，在全国也很少见。也正是得益于这样的结构，使得它在历次的地震中（据统计，最近几十年里，拖姑清真寺经历的 5 级以上地震就有 20 余次），不仅毫发无损①，甚至还演绎出在前一次地震中被震歪，但后一次地震又被震归原位的奇迹，即当地人口中"越震越结实"的传奇。

> 8 月 3 日，云南鲁甸发生 6.5 级地震，造成伤亡近 4000 人。然而，在 8.09 万间房屋倒塌、近 23 万人需要安置的同时，人们发现鲁甸桃源回族乡拖姑村 200 多年历史的清真寺却几乎完好无损，在灾后第二天正常开放，供村民诵读经文，做礼拜。②

中国文化遗产研究院高级工程师张之平认为，拖姑清真寺这种良好的抗震性，主要得益于其各个构件之间的节点不用钉子连接而以榫卯相吻合的连接方式，正是这种榫卯解雇使得木结构建筑构成富有弹性的框架，具有相当的弹性和一定程度的自我恢复能力。

> 它是一个柔性的框架结构，允许有一定的变动以及这个变动带来的一定程度的变形，在地震荷载下通过变形释放一部分地震能量，从而减小建筑的地震响应。……它像一个桌子摆在地上，地震来了，桌子晃动几下可以释放一部分地震能量，也就是古语中所说的"房倒屋不塌"，即房子的某些构件可能坏了，但是整

---

① 中国新闻网. 云南鲁甸 200 余年清真古寺 经历强震完好无损［EB/OL］. 中国新闻网，2014-08-06.
② 凤凰网. 为何能在地震中屹立不倒［EB/OL］. 凤凰网，2014-09-04.

体结构还不至于倒塌。①

在宣礼楼背面，二三重檐之间，悬挂着一块巨匾，书有"普慈万有"四个行草大字，系清乾隆十一年（公元1746年）昭通府总兵世袭骑都尉"冶大雄"② 书赠。字里行间，透露出浓郁的儒家文化韵味。

过宣礼楼，中间为一大院子，呈正方形，约400平方米。院内种植有4棵对称的古柏与一盆金桂树。两旁各有2间厢房，上下两层。厢房原来作为主寺阿訇、宗教管理委员会和教学用房，现用作寺里的保管室。

礼拜大殿是全寺的主建筑，为两重檐歇山式结构。大殿带左右2.4米宽围廊，殿身三开间宽14.2米，明间宽5.1米，稍间宽4.5米，殿身进深三进15米。整个殿堂用36根大圆木柱支撑，两根约半米"抬担"横架在殿堂的上方，成"凸"字形，以横木连接四边木柱，把整个殿堂各部紧紧拉连为一体，整个建筑同样没有用一颗钉子，以榫卯结构环环相扣（见图3-4）。

大殿平面形状像个"凸"字，"凸"字形的"臂膀"两旁，立有两根约2米高的石柱，传说可以预测阴晴。大殿正后方，即"凸"字形的突出部分为窑殿③，其墙壁上写满经文。窑殿上方建有一个亭式建筑，总高15米，

---

① 中国文化报. 拖姑清真寺、应县木塔、报恩寺等古建筑为何能在地震中屹立不倒 ［EB/OL］. 中国文化报，2014-09-04.

② 冶大雄是清初著名的回族将领，一生经历过康熙、雍正、乾隆三朝，久在戎旅，战功卓著，积功至云南提督。卒后，朝廷因其生前"勋猷卓越"，以其孙子冶正宗袭骑都尉，子孙"世袭罔替"。据贵州威宁杨旺桥（即杨湾桥）的《刘氏谱序》提到，冶大雄在威宁任军职时，曾挽留著名阿訇留在当地主持宗教事务。可见他作为一位忠于信仰的将军，是清初云南贵州等地伊斯兰教重要的传播者。参见：马廉祯. 清初回族名将冶大雄 ［J］. 回族研究，2012（2）：32-39.

③ 窑殿，又称"窑窝""凹壁""壁龛"；阿拉伯语为"Mihrab"，音译为"米哈拉布"。窑殿是设在礼拜大殿内朝向麦加禁寺"克尔白"的小拱门，用来标志穆斯林礼拜的朝向。

图3-4 拖姑清真寺大殿外景

为六角形三重檐攒尖亭。该亭与外不相通，作为前门宣礼楼的陪衬建筑，与其遥相呼应（见图3-5）。礼拜大殿地板全用木板镶嵌而成，殿内两边的墙壁上绘有8个圆形的阿拉伯经文，每个直径约为4米。不仅藻井①上绘有各种花草图案，其余地方也皆雕梁画栋，十分壮观（见图3-6）。

1986年9月15日，县人民政府把它确定为"县级重点文物保护单位"。1993年11月16日，又被确定为"省级文物保护单位"。

---

① 藻井，又称绮井、天井、方井、复海、斗八等，是中国传统建筑中一种顶部装饰手法，将建筑物顶棚向上凹进如井状，四壁饰有藻饰花纹，故而得名，其目的是突出主体空间。藻井一般由多层斗拱组成，由下而上不断收缩，形成下大顶小的倒置斗形，外层方形或多边形，顶心一般圆形，称为"明镜"。

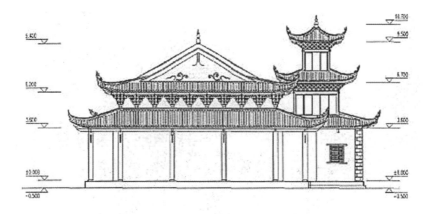

图 3-5　拖姑清真寺大殿侧立面图①

图 3-6　拖姑清真寺大殿内景

---

① 余穆谛. 云南清真寺建筑及文化研究［D］. 昆明：昆明理工大学，2008：87.

3. 历史记忆与传说

（1）关于拖姑清真寺的历史记忆

拖姑清真寺在"'文化大革命'期间被迫关闭，后成为文化室，驻扎过部队，受到相当程度的损坏"（马燕坤，2008）。这些经历在当地人关于清真寺建筑的历史记忆中也得到了证实：

> 1968 年至 1969 年间，军分区的部队进驻清真寺，偷偷养猪、杀猪，就住在大殿里面，住了 3~4 个月。当地人反对了好多次，他们最后是晚上偷偷地走的。交接的时候，墙上的"都阿"也都被破坏了。
>
> 寺里原来有一对香炉也是在"文化大革命"期间丢失的。那对香炉一大一小，大的是红铜的，7 斤半；小的是乌金的，3 斤。小乌金香炉是 1958 年一个地主带到寺里来的，因为饥饿，用这个小乌金香炉换了一背篓谷子。

（2）关于拖姑清真寺的传说

拖姑清真寺素有"飞来寺"之称，这种称号来源于流传在当地人中几个关于清真寺的传说。我们在访谈过程中，也多次听到类似的传说，特记录如下：

第一种传统里：在遥远的大西北某个回族聚居区原本有一座与拖姑清真寺一样的清真寺，但后来那座寺在清政府镇压西北回族起义的动乱中被大火焚毁。而与此同时，拖姑清真寺落地建成。后来西北地区的回族同胞来鲁甸见到此寺之后，不禁为两寺的相像啧啧称奇，认为是他们那里的清真寺飞到了这里，因而在西北的一些穆斯林中，将拖姑清真寺称为"飞来寺"。

第二种传说是：建造此寺之时，本来选址是在另一处，工匠们搬运到那里的木料，第二天总是跑到玉盘山上，做工的是一百人，吃饭时却只有九十九人，这样过了几天，一个清晨人们醒来，清真寺已然建成矗立，于是大家认为它是仙家建盖的"仙寺"，非人力所能为。

第三种传说是：拖姑清真寺的图样是模仿贵州省威宁县杨湾桥清真寺的，杨湾桥的图样又是模仿宁夏回族自治区固原县柳树湾清真寺的，建好杨湾桥清真寺，柳树湾清真寺就失火烧毁，而建起拖姑清真寺后，杨湾桥清真寺又失火烧毁。

（二）八仙营清真寺

1. 守望回族乡

守望回族乡隶属昭通市昭阳区，乡政府驻地水井湾集镇距市区 8.3 千米，东与小龙洞乡相连，南与贵州省威宁彝族回族苗族自治县中水镇接界，西同布嘎回族乡、永丰镇接壤，北跟凤凰办事处毗邻。守望回族乡辖7 个村民委员会，101 个村民小组，居住着回、汉、彝、苗等四个民族，总人口 43513 人，其中回族占 67.2%，汉族占 32.6%，是一个以回族为主的民族聚居乡。①

年均气温 11.7℃，年均降雨量 741.6 毫升，年均日照 1918.9 小时，冬春干旱。全乡有宗教活动场所 31 个（清真寺 29 个，观音寺 2 个），总面积 74.6 平方千米，有耕地 30919 亩，人均耕地 0.7 亩。

2. 八仙营清真寺的历史与形制

八仙营清真寺位于守望乡八仙营村的一座小山上。该寺始建于雍正九年（1731 年），后因"因人丁日众，'嫌于狭隘'"②，于乾隆四十四年（1779 年）在原址上重建，1962 年曾进行过维修。1982 年被原昭通县（现

---

① 中国回族学网. 昭通市昭阳区守望回族乡 ［EB/OL］. 中国回族学网，2016-09-28.
② 参见寺内的"八仙营清真寺碑记"（2004 年 10 月）。

昭阳区）人民政府公布为"县级重点文物保护单位"，2013 年 9 月被昭通市人民政府公布为"市级重点文物保护单位"，2013 年 11 月设立为"中共党史教育基地"。

八仙营清真寺历史悠久，文化内涵深厚。雍正年间，清政府在乌蒙地区实行"改土归流"，引发当地的（彝族）土司叛乱。在叛乱被平定之后，八仙营清真寺曾短暂作为昭通府政治、军事中心。"当时乌蒙初平，老城天砥已毁，新城未建，东蒙镇行营暂设与此。"（李正清，2008）

雍正十年（1732 年），"为了供从征官兵子弟课读，曾建昭通第一个书院于清真寺"（李正清，2008）。这个书院也即"改土归流"后的昭通府第一个书院——昭阳书院。该书院在教化群众、培育贤才方面发挥了很重要的作用，为昭通培育出了一大批文武贤才报效国家民族。

光绪二十四年（1898 年），八仙营清真寺聘请从陕西、甘肃等地学成归来的马明伦阿訇为教长，他后被昭阳、鲁甸、威宁三十六寺推举为总教务长。1942 年，昭阳、鲁甸、威宁回教联立"崇真师范学校"在八仙营清真寺创办，聘请马明伦之弟子马维海担任阿拉伯文主讲。历经数代先贤的不懈努力，八仙营清真寺人才辈出、声名远播。

1950 年 2 月 26 日，中国人民解放军第四十三师在师政委薛韬的带领下，从贵州威宁进入昭通，受到守望乡广大群众的热忱接待。中国人民解放军第四十三师部队在当地接待人员的安排下，分别驻扎在守望乡水井湾村街上、卡子、大院村等地，师部就驻扎在八仙营清真寺内。①

八仙营清真寺由大殿、两厢、朝门、天井组成四合院，沿中轴线布局。大殿为双重檐歇山顶，穿榫式木结构，翘檐叠角，殿顶为蓝色琉璃瓦覆盖（见图 3-7）。大殿后部的窑殿为三重檐歇山顶亭式建筑，与正殿相

---

① 昭阳区委统战部. 昭通：昭阳区在八仙营清真寺开展爱国主义教育［EB/OL］. 云南统一战线，2018-08-09.

映生辉（见图3-8）。南北厢房于2010年重修，青砖白瓦，古色古香，四周设有回廊。整个院落苍柏叠翠、鸟语花香，与红檐青瓦、雕梁画栋的建筑相映成趣。

图3-7 八仙营清真寺礼拜大殿正面

图3-8 八仙营清真寺礼拜大殿的窑殿

礼拜大殿门上原悬有木匾一块，上书"无始无终"四个大字，系清朝乾隆十一年（1746年）昭通府总兵世袭骑都尉"冶大雄"[1]书写。原匾于1964年"文化大革命"期间被毁，后复制悬挂于寺内的牌楼上（见图3-9）。殿前两侧还有一幅古制石刻"克尽己私方是道，复还天理可朝真"楹联（见图3-10）。

图3-9 八仙营清真寺"无始无终"牌匾及牌坊

二、楚雄吕合

（一）吕合镇简介

吕合镇位于楚雄彝族自治州首府鹿城以北25千米，区域面积185.533平方千米，东邻东瓜镇和紫溪镇，西与南华县毗邻，北与牟定县接壤，是"西南丝绸之路"上的一个重要的驿站。现有楚（雄）牟（定）公路、广

---

① 此匾与拖姑清真寺的"普慈万有"匾同为冶大雄书写。

图 3-10 "克尽己私方是道，复还天理可朝真"楹联

（通）大（理）铁路、楚（雄）大（理）高等级公路和 320 国道横穿境内，"扼楚雄之西门户"，交通极为便利。

吕合镇的历史源远流长，据《中国地名大词典》记载，传说在大唐南诏时，吕纯阳（又名吕洞宾）来过此地。后来，当地便建了一座方塔楼阁，名曰"吕阁"，由此以讹传讹得名"吕合"。吕合镇的建制可以追溯到一千多年前，在南诏鼎盛时期，此地曾是镇南州（南华）石鼓县的领地，其县城叫"石鼓城"建在"鸡和"（就是现在的白土城）。

从历史沿革来看，吕合地区与镇南州，同属南诏国阁逻蛮统治的领地。元宪宗七年（公元 1257 年），这里设立"欠舍千户"，元二十一年（1284 年），改"欠舍千户"为镇南州，管辖定边、石鼓二县城。

明洪武年间（公元 1382 年），楚雄坝区设置"八里"、山区设置"八哨"，吕合镇为第四里。明隆庆统治年间（公元 1393 年），吕合镇是屯兵军垦的军事要地。为此，曾设立过"吕合巡检司""吕合驿""吕合堡""吕合铺""吕合哨"等，吕合镇是集政治、军事于一体的机构建制。自明清以来，司、驿、堡、铺、哨，这一建制在吕合镇沿袭了500多年。

吕合镇所处显要的地理位置，不但促进了当地文化发达，而且带来了商贸活动的兴盛。资料显示，吕合镇自明代就形成了贸易集市，农历每逢三、六、九赶集。昔日的吕合街，也像丽江古城的四方街那样，街道一侧是小河流水，清澈明亮，街面店铺鳞次栉比，百货丰盛，商人马队往来络绎不绝。[①]

目前，吕合镇下辖9个村民委员会，148个村民小组。2008年末，全镇总户数6723户，总人口28468人。镇内居住着汉族、彝族、回族等9个民族，汉族人口23378人，占总人口的82.3%，少数民族人口5090人，占总人口的17.6%。其中：彝族3076人，占总人口的10.6%；回族1689人，占总人口的6%；其他少数民族308人，占总人口的1.1%。回族人口主要分布在中屯、钱粮、吕合三个村委会。

吕合人有着随马帮走夷方（泰国、缅甸）出国经商的悠久历史，也有许多人在走夷方的过程中侨居异国他乡。因此，如今的吕合也被称为"侨眷之乡"。如回民聚居的马家庄、钱粮桥等地，就与东南亚国家有着密切的交往联系，因此信息灵通，商贸通顺，人才辈出，经济发展较快。

2014年，吕合村（核心区在吕合老街）因其悠久的历史文化传统，而成功入选第三批中国传统村落名录。

（二）吕合民居

1. 马家大院、钱家大院

马家大院和钱家大院是吕合镇比较典型的回族民居。其中马家大院是

---

① 来源于吕合镇文化站内部资料。

标准的"三坊一照壁"① 布局，钱家大院则是标准的"四合五天井"② 布局（见图3-11）。

图3-11 马家大院外貌

马家大院建于民国后期，位于中屯村委会马家庄村自然村。马家庄自然村地处坝区，距吕合镇政府2千米，距中屯村委会1千米，由3个

---

① "三坊一照壁"是大理白族民居的建筑格局，统一而灵活。住房以三间两层，底层带"厦廊"的建筑为一建造单元，称为一坊。各户住房以一坊为基本单位进行灵活多变的组合，构成一坊、两坊、三坊（三合院）、四坊（四合院）、重院等形式。一般建三坊及一照壁组成院落，主院侧有杂用院，大门前为空旷田野，门外的照壁有保富贵平安之意。并设一入口巷道，增加曲折隐秘，避开直冲的不吉。

② "四合五天井"为大理白族民居中另一种常见的型式。与三坊一照壁不同点在于去掉了正房面对的照壁而代之以三间下房的一坊，围成一个封闭的四合院，同时在下房两侧又增加了两个漏角小天井，故名为"四合五天井"。四坊多为三间二层（厢房、下房也有一层的），但正房一坊的进深与高度皆大于其他各坊，其地坪也略高，多朝东、南，在四个漏角小天井中必须一个用于大门入口，设门楼，亦多朝东、南。

村民小组组成，有农户 162 户 695 人，其中，回族 145 户 618 人；汉族 17 户 77 人，是吕合镇回民的主要聚居区，也是楚雄最大的回族聚居村庄。①

马家大院坐南朝北，土木结构，由一大一小两院（二进院）并排相连组成（见图 3-12、图 3-13、图 3-14），房屋分布在东、南、西三面，北面有照壁，两院中间有廊楼相连接，呈"山"字形布局，面阔三间，上下两层。正房两侧有天井、耳楼。小院东南角楼上设有卫生间。屋檐下、门、窗、走廊等木构件上雕刻有精美的吉祥图案，且保存完好（见图 3-15）。整个民居布局科学、合理，工艺讲究，是楚雄传统民居的杰出代表，有很大的历史价值和艺术价值。

图 3-12 一进院的正房

———————

① 中屯村委会内部资料。

图 3-13　一进院的厢房及大门、照壁

图 3-14　二进院

图 3-15　格子门上的镂空三层雕花

钱家大院建于民国晚期。坐南朝北，由正房、东、西厢楼、北楼及四个漏角的耳楼组成，房屋四面对称分布，均面阔①三间，上下两层，走马串角楼（见图 3-16、图 3-18）。檐下、柱头、门窗等处有龙、凤、兔、鹤雕饰图案，院内地面铺六角砖，院外西北角有一水井。整个建筑内部为土木结构，但外墙面覆有青砖（见图 3-17），设风火墙②，青瓦覆面。大院

---

① 面阔又称"面宽"。古建的平面长边为宽，短边为深。在单体建筑中每四根柱围合成一间，一间的宽度为面阔。若干间面阔之和组成一栋建筑的总面积，称为"通面阔"。

② 风火墙又称马头墙、防火墙、封火墙，特指高于两山墙屋面的墙垣，也就是山墙的墙顶部分，因形状酷似马头，故又称"马头墙"。它有防火（隔断火源）、防风的作用。

开有两门，门头有阿拉伯文的书法纹饰。北面外墙上留有"文化大革命"时期的标语痕迹。

图 3-16 钱家大院的正房及庭院

图 3-17 钱家大院的大门

图 3-18 钱家大院的漏脚房

2. 历史记忆

马家大院和钱家大院在中华人民共和国成立后房屋归政府所有，而改为他用。如钱家大院先后做过马家庄小学、中屯大队办公地、中屯供销社、马家庄粮点、吕合公社办公地。在落实政策以后，房屋重新被归还给原主人的家族。

吕合镇的回族民居主要分布在中屯、吕合、钱粮桥三个村委会（是回族人口较为集中的地方）。其中，钱粮桥的马家大院是马超群的家宅。

马超群，钱粮桥人，回族，地方富豪。在民国时期，被云南省政府主席龙云委任为的滇西护路总队总指挥（主要为当时的"云南统运局"保驾护商），并获授少将军衔。中华人民共和国成立前他多次出巨资支持进步事业，也是 1949 年 12 月云南起义楚雄主要负责人之一。马超群家的马帮是当时滇西地区最大的马帮。其"经营时间始于清末，盛于民国初年，也

有百余匹牲口规模。……商号遍及下关、昆明、重庆、香港等地。"（马燕、田晓娟，2008）

作为当地名人，马超群权倾一时，名驰西南，不仅为后人留下了精美的民居，也沉淀在人们关于民居的历史记忆中。

> 马超群是"西护队"（滇西关禄段护路总队)① 的总队长。他家有私人武装，一开始的私人武装是看家户院的，还有从缅甸回来的时候为了防止土匪抢劫，用来护商队的。抗战以后，他把他的民团和家丁组织起来成立"西护队"，护着整条滇缅公路。当时他跟卢汉（云南省主席）是兄弟，甚至到抗战末期的时候，没有经费来源，自己私造货币来养兵，护着这条抗战公路。到解放的时候，把他拿去治罪，以私造货币，扰乱国家金融秩序为名，但是没有治成他的罪，因为有蒋介石的手印，是蒋介石特许的，当时因为国家已经到了国破家亡的地步：首都南京沦陷，搬到重庆作陪都，大西南这片勉强能维持，没有沦陷。但是公路不保不行，蒋介石特许他私造货币。他见过那个假钱里面是红的，外面是镀上一层银水，用来支撑护路的经费。

> 钱粮桥（马家）大院和（中屯村）马家大院的人是亲戚关系。楚雄和平解放的时候马超群是出了力的，马家庄很多人都穿上兵服。当时国民党从缅甸抗战回来的部队，大概是驻扎在滇西这一片，他们把那里一座叫牛凤龙大桥的桥给炸了。② 后来国民

---

① 1949 年 3 月，卢汉决定成立"滇西关禄段护路总队"（简称"西护队"），委任马超群为少将总队长。民革中央又以龙云的名义委任他为滇西独立旅少将旅长。

② 2014 年 9 月，云南省保安司令部密电马超群，要求"西护队"护卫省政府的 24 辆卡车安全到达大理。此时，已经参加革命的马超群虽然表示接受任务，当卡车开到楚雄后，他却暗中派人炸毁了牛凤龙公路桥，将车接到楚雄加以"保护"。车上装的全是机要档案、黄金、白银和现钞，这些财宝到云南解放后全数移交省人民政府。

党四十九军到滇西南华过不来，（马超群）通过打电话告诉他们（楚雄）来了很多共产党的军队，吓得他们不敢来，才使楚雄得以和平解放。

三、巍山回乡

（一）巍山回乡二十一村

巍山彝族回族自治县，以其境内的巍宝山而得名，县政府驻南诏镇。巍山古属滇国，西汉遥置邪龙县。唐代时，南诏国在此创始，并为其早期都城。大理国时称蒙舍镇。元代改名为蒙化，明、清历为州、府。1912年降为县，1954年更名巍山，1956年设立了巍山彝族回族自治县，隶属于大理白族自治州管辖，是中国历史文化名城。

巍山总面积为2200平方千米，境内山地、河谷、盆地相间分布，山区面积占总面积的93.3%。全县辖4个镇、6个乡，共有4个居委会、79个行政村。巍山境内居住着彝、回、汉、白、苗、傈僳等6个世居民族。

回族是巍山的一个主要少数民族群体，全县共有回族2.2万人，占总人口的7.1%。巍山现有21个回族村寨，主要分布在巍山坝子北部、红河源头的永建镇（共有18个村寨）。其中较大的回族村寨包括：小围埂、大围埂、回辉登、东莲花、西莲花、下西莲花、晏旗厂、马米厂、三家村、城区回营、甸中回营、古城、双桥村、树龙村、大五茂林、小五茂林、丁家厂等。总体上来看，汉族、回族多居住于坝子，彝族等少数民族多居住于山区、半山区，呈大杂居、小聚居的分布格局。

元朝时期，回族人口第一次大量迁入巍山。元宪宗三年（1253年）忽必烈率十万蒙古军和西域回族军平定大理之后，有一部分回族军屯戍在巍山，就分布在永建镇的回辉登、大围埂、小围埂一带。明洪武十四年（1381年），跟随明军平定云南的大量的江南回族军"变服民籍"，留在永建一带屯田，这也是回族人口迁入巍山的第二个高峰期。

巍山回族以农业和商业为主业，其中有不少人组织马帮运输或经营矿石开采。经过长期的经营和发展，至道光末年，巍山的回族已发展到28个村寨，近万户，约五万人。咸同年间，因杜文秀起义失败，大部分村子被毁，回族人口也降至数千。经一百多年的休养生息，人口又逐渐增加，现已恢复到两万余人。

巍山境内的回族21个村寨，建有22座清真寺。清真寺是穆斯林举行教仪和传授宗教知识的场所，最早建于明洪武年间，后来明末、清、民国年间先后修建。随着历史演变发展，清真寺建筑形成了两大类特点：一类是西亚式建筑，高耸的尖塔（圆柱形、方形、多边形），尖拱形洞式门窗，大圆拱顶等为其主要特色，如小围埂清真寺、三家村清真寺、回辉登清真寺；另一类由于长期受汉文化的影响，清真寺建筑形成中国殿堂式建筑特色，如：大围埂清真寺、马米厂清真寺。

两类清真寺建筑分别代表着中外、古今建筑艺术特征而各显风采。随着社会经济的发展和对外交流的扩大，近年来修建的礼拜大殿逐渐融合成中西合璧式建筑。外观造型上不再是仿效大木架起脊式传统建筑，而是仿效阿拉伯风格和形式。巍山传统清真寺建筑则既注重完整的布局，有明显的中轴线，建筑物布局井然有序，又突出主体建筑的高大雄伟，充分显示出中国传统建筑注重总体艺术形象的特点。

（二）东莲花村

1. 东莲花村概况

东莲花村为回族聚居的自然村，形成始于明洪武年间。村内尚有保存完好的中式建筑风格的清真寺一座、角楼五座，具有明清风格并注入了回族文化特质的古民居二十二院及一批古建筑，整个村落历史风貌保存完整。以前这里的回族素有赶马经商的传统，是茶马古道上马帮文化浓厚的村落。该村的许多成员先后侨居海外，全村有归侨和侨属侨眷百余人，是有名的侨乡。2005 年，村内马家大院建筑群被巍山县人民政府公布为"文物保护单位"。2006 年 5 月，东莲花村被云南省人民政府命名为"历史文化名村"。2007 年 1 月，东莲花村被省政府命名为"省级历史文化名村"。2008 年 10 月，东莲花村被住房和城乡建设部、国家文物局命名为"中国历史文化名村"。

民国初年，东莲花村是马帮锅头聚居地，经济繁荣，建盖了不少令人叹为观止的精美建筑，至今保存完好的角楼有 5 座，古民居 22 院，其中民国三十年（1941 年）建成的马家大院最具代表性。马家大院古建筑群多采用"六合同春"的布局，角楼林立，重门深院，"三坊一照壁""四合五天井""走马转阁楼"等建筑工艺十分精湛，无论是照壁还是雕花，中国传统文化和伊斯兰文化都和谐并存、水乳交融。

2. 马如骥大院

马如骥大院（简称"马家大院"）是东莲花村富商马如骥的旧居，也是东莲花村保存最完整的传统回族民居。

马如骥精于马帮运输和经商贸易，是巍山出了名的"大马锅头"①。当时他有近一百匹骡马，雇有十多名赶马人。他的马帮商队走南闯北，运输和销售茶、糖、丝、麻等物品，足迹遍及东南亚各国。通过多年经营，积累了许多财富，于民国三十年（1941 年），在东莲花村给自己建盖了豪宅大院，即现在赫赫有名的"马家大院"。

"马家大院"历时三年方全部竣工。当时工程一完工，就因其建筑风格、雕刻工艺和宏大的建筑气势轰动蒙化全县，四方八寨前来参观的村民

---

① 解放初期，马如骥随马帮走夷方、出缅甸后就留在缅北当阳谋生，数年后移居泰国过着平静安详的生活。马如骥是一个虔诚的伊斯兰教信徒，他念念不忘穆斯林一生必修的五功之一——朝觐。1953 年，他与同乡忽然显一起从缅甸出发前往圣地麦加朝觐，了却了自己一生的最后心愿。1983 年，马如骥归真于泰国清迈，享年 86 岁。

络绎不绝。

　　马如骥的旧居是"马家大院"古建筑群中的典范，特色是"一碉两院三门四阁五堂六天井"（见图3-19）。它采用"六合同春"的布局，东西耳房、厅房同南面的主照壁构成南院的"三坊一照壁"，主房、东西厢房、大门和角楼则构成北院的"四合五天井"。打开厚重的大门，映入眼帘的是四个刻在大理石方框的大字"世守清真"，显示了主人虔诚的信仰。

图3-19　马如骥大院平面图

　　"马家大院"由主院、西院、北院共三个院落组成。三个院落根据其使用功能的不同和主次，规模不同，布局不一样，雕刻规格档次也不一样，但都各具特色，都是当地回族建筑中的上乘之作。

　　主院采用"六合同春"的布局，南北向分成两个院落。上（北）院由主房、东西厢房、厅房、东西漏阁、大门和角楼一起，构成走马转阁式

"四合五天井"院落；下院在南面设有照壁，形成"三房一照壁"布局。
"马家大院"主院的独特之处还在于，在下院的东北漏阁布置了一个四层
高的角楼（又称"碉楼"，见图3-20），在上院西南漏阁布置总大门。进
入总大门左右分设两道二门，分别开向上下两个院落，这样既使这个院落
浑然一体，气派壮观，又可以有效使用空间，把客房、主仆住所巧妙地分
开，互不干扰，保证了各种人员活动的井然有序。整个院落除角楼外，均
为两层。

图3-20　马如骥大院角楼（碉楼）

　　大门坐东朝西，为砖石结构。门柱方正，线条挺拔，高出漏阁檐口，无瓦盖顶。顶部为两台长形平台，旁边有两个圆柱装饰，都雕有花、鸟、虫、鱼等纹图画样，门顶两侧留有射击孔。建筑式样特别，外观融会了法式建筑风格。大门正对面建有青砖照壁，作为大门屏障。照壁上有精美彩画，上部的彩画、书法现在仍依稀可辨（见图3-21）。

图3-21　马如骥大院大门

　　大门所在的漏阁，是一座二层小楼，明间为过道，南北各有一间小巧的木板房间。打开大门，迎面是在上院厅房的西山肩墙上巧妙设立的照壁。照壁上画有虫、鱼、花、鸟图案，中部从上到下凹式设置了四个两尺见方的砖边方框，砖框里面镶嵌着在汉白玉石上雕刻的"世守清真"四个蓝字，表达了院落主人对伊斯兰教的虔诚信仰和执着追求（见图3-22）。小照壁两侧各设置了一道大门，北通上院，南通下院。

图 3-22　马如骥大院照壁

　　上院天井中心用六块两尺见方的大理石拼成一个花形图案，其余地面用两尺见方的青石板镶砌。上院各房的柱基、柱磴均为汉白玉，室内用青砖或木板铺满。坎沿、柱脚、柱磴、基座每一石件上面都雕刻了动植物等精美的线刻图案，房屋所有的门窗户壁都是精致木雕。房屋布局方正，上下两层都设有走廊，走廊宽可走马，房房相连，阁阁相通，故称"走马转阁"。

　　上院西房楼上的后山墙正对着大门外的入口通道处设有梯形构造的射击孔，防匪防盗，具有"一夫当关，万夫莫开"的防卫优势（见图3－23）。厅房檐下明间，南、北两面各有一个覆形斗拱，北房和东、西两房的明间檐下也各有一个藻井。藻井上布满彩画、雕花，其中可辨认的彩画有：《阿文学校》《鸡足山楞严塔》《西湖风景》《上海街景》等。特别是主房藻井里的《上海街景》，描绘了20世纪40年代的上海景观，画有西洋建筑、宽阔的马路、飞翔的飞机、奔驰的摩托车等场景，它惟妙惟肖地再现了当年十里洋场上海滩的风采，表达了大院主人的开放胸襟和开阔视野。藻井彩画极具民国时期的绘画艺术特征，被专家视为不可多得的珍贵资料。

图3-23　角楼外墙面（红圈处为梯形构造的射击孔）

　　院内东南西北四房的屋檐下都挂有匾额：北房是主房，所挂匾额是白崇禧在民国二十七年（1938年）为他题的"明道致远"（见图3-24）；悬挂在东厢房的匾额是曾任云南省国民政府主席龙云在民国二十八年（1939年）为他题的"义广财隆"；悬挂在西厢房的匾额是曾任蒙化县县长宋嘉靖在民国二十八年（1939年）为他题的"仁惠梓里"；悬挂在南厅房的匾额是民国三十年（1941年）"马家大院"落成时马如骥的亲家李银斋题赠的"大展骥足"。

图 3-24　屋檐下的匾额

　　下院除了大门与正院同样是以三角形为门顶的装饰外，建筑要简单些，但雕刻工艺同样极为精巧。下院南面的照壁高大、气派，檐角高挑。照壁双面都有精巧砖雕，绘有精美的壁画。照壁下设有花台，花台西侧有一口古井，井栏四周均有线刻折枝花卉。

　　主院东面是"马家大院"的花园，从上院东北漏阁小天井里的侧门就可进入花园。花园里树木葱翠，是主人栽花植树、修身养性的地方。花园四周原来有围墙，现已被拆除，成为开放式花园。

土地改革时期，马如骥因家产富有，房屋豪华、量多，土地宽广，按政策被划为地主，房屋田地全部划分给贫苦群众，"马家大院"和后花园收归为公产房。中华人民共和国成立后的"马家大院"内先后住过永和高级社、中共永建回族自治县委员会、永建乡人民公社、永建区公所、永建乡医院、中国人民解放军7624部队二营、巍山二中、永建乡政府、巍山县伊斯兰教协会等单位，至20世纪90年代中后期。1996年落实华侨政策，巍山县政府将"马家大院"下院的东西两房还给马家后代。上院（四合院）碉楼、后花园仍然属东莲花村集体产业。

图 3-25　中华人民共和国成立后诸运动在马家大院留下的革命口号

3. 东莲花村清真寺

东莲花村清真寺始建于清朝初年，当时可容纳一百多人做礼拜，后经过多次扩建、修复，现可容纳一千多人做礼拜。整座清真寺占地8.8亩。由宣礼楼、礼拜大殿、教室、水房等建筑组成。整个清真寺有一条明显的轴线，由东向西，依次是大门、叫拜楼、礼拜大殿（见图 3-26）。叫拜楼

把清真寺分成东、西两个院落，南、北两侧是讲堂，西南角有一个水房，
供穆斯林做大、小净之用，东北角单独有一个小院是女子学习阿拉伯文的
场所。整个清真寺都是土木结构，把中国传统出阁架构、雕梁画栋的建筑
风格和阿拉伯伊斯兰美学完美结合在一起，庭院内绿树成荫，花香飘逸，
与东莲花村规模宏大的古碉楼、古民居建筑群结合在一起，浑然天成。

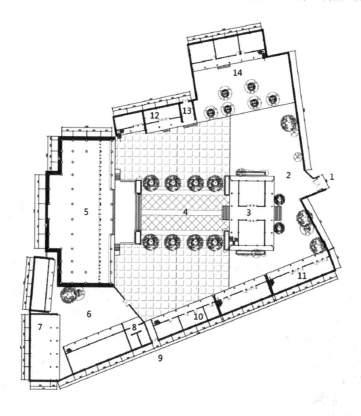

1. 清真寺院落东大门　2. 清真寺东广场　3. 宣礼楼　4. 清真寺西广场　5. 朝真大
殿　6. 清真寺后院　7. 寄宿生宿舍　8. 净房（厕所）　9. 清真寺南门　10. 经堂
（阿拉伯文男校）　11. 仓库房　12. 清管会与村委会办公室　13. 清真寺北门
14. 经堂（阿拉伯文女校）

图 3-26　东莲花村清真寺平面结构图①

① 王跃. 大理巍山回村"东莲花"传统聚落与建筑研究［D］. 重庆：重庆大学，
2011：57.

　　整个建筑群的核心是礼拜大殿，建在清真寺最西面的须弥座台基上（见图3-27）。大殿为单檐歇山顶，檐柱①上悬挂着精美的楹联，额枋上，匾额抬头即可见。次间至今还悬挂着民国十五年（1926年）陆军少将杨盛奇题赠的"诚一不二"匾，书法刚劲有力。中柱和檐柱间是宽敞的走廊。正立面装饰退至中柱，采用实木雕花桶门、镶板横批。桶门的花板修长，雕刻有穆斯林圣地的优美风光。大殿分上下两层，下面由许多柱子支撑，是个半地下室。礼拜大殿呈长方形加小正方形组合成"凸"字形平面，中间向后凸出的部分叫窑殿，窑殿的内墙上写有许多经文，均为阿拉伯文书法作品（见图3-28）。

图3-27　东莲花村清真寺礼拜大殿

---

①　檐柱是木结构建筑檐下最外一列支撑屋檐的柱子，也叫外柱。檐柱在建筑物的前后檐都有。

图3-28 东莲花村清真寺礼拜大殿内景

宣礼楼雄踞在清真寺轴线的中央，恰好处在整个村庄的中心。它是一幢阁楼式建筑，总高四层，底层、二层面阔五间，三层面阔三间，四层和进深均为一间。底层至三层为三重檐歇山顶，四层为四坡攒尖顶。底层明间另有单檐歇山顶门楼点名用途——做过厅，门楼屋面上挑，居底层和二层的披檐①间。四层和门楼檐下都有制作精美的斗拱（见图3-29）。

初期的东莲花村清真寺，由于受人口稀少、经济滞后的制约，清真寺虽然选址于村中央的黄金地段，但面积狭小，整个寺院占地面积不足两亩。礼拜大殿也只能容纳百余人同时做礼拜。耳房更为简单，只能解决两个班的教室和师生吃住，没有宣礼楼。扩建于民国十年（1921年）的东莲花村清真寺，正值茶马古道马帮兴起，生意兴隆，民族经济迅猛发展的鼎

---

① 披檐，正屋屋檐下搭建的附属建筑物。

图 3-29 东莲花村清真寺宣礼楼

盛时期。那时,东莲花村家家养马、赶马,户户经商。村内马帮、商人云集,市场繁荣,经济活跃为清真寺扩建奠定了经济基础。经过百余名能工巧匠花费三年时间的精雕细琢,民国十三年(1924 年)腊月竣工的东莲花村清真寺礼拜大殿、宣礼楼,建筑风格独特、总体布局合理,功能齐全,在原基础上扩大了三倍多。礼拜大殿呈宫殿式建筑,五转七型结构,可容纳四百余人同时做礼拜。

再次扩建于 1987 年的东莲花村清真寺,是在村民生活显著改善,国家民族宗教政策深得人心,参与宗教活动的人数增多,礼拜大殿容纳不下的情况下扩建的。在报请巍山县教育主管部门同意后,东莲花村首先把东莲花小学从清真寺东院迁往西队场房内(现校址),将原二层 9 间仓房改建成6间教室，将原东队仓房7间改建成教师宿舍和办公用房。东莲花小学迁出后，清真寺面积扩大为8亩。经扩建的礼拜大殿为九转十一型结构，窑殿宽度由原来的一间扩大为五间，礼拜大殿正面增添了小厦，加长了进深，可容纳近千人同时做礼拜。宣礼楼增高为四层，整楼采用玻璃窗格栅，宽敞明亮，美观大方。

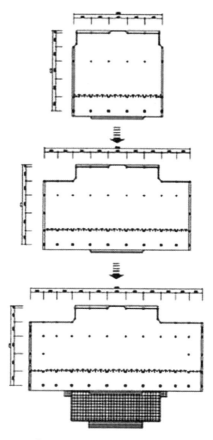

(b)巍山东莲花村清真寺大殿扩建平面图

图3-30 东莲花村清真寺大殿历次扩建平面图①

---

① 余穆谛. 云南清真寺建筑及文化研究［D］. 昆明：昆明理工大学，2008：57.

（三）小围埂村

1. 小围埂村简介

小围埂村位于巍山坝子东北部，永建镇北边，距离永建镇 1.6 千米，属永建镇小围埂村委会。全村辖 10 个村民小组，有农户 1511 户，有人口5290 人①，国土面积 8.37 平方千米，其中耕地 1019.75 亩，人均耕地0.38 亩。②

小围埂交通便利，现有关巍公路穿村而过。这里曾是茶马古道的必经之路和重要驿站。从村子东门出发，一直往东，可直达大理市凤仪镇；从村西永济桥一直向西，可以通往漾濞和永平两县；从永济桥一直往北，可达下关、丽江、中甸、西藏等地。

小围埂历史悠久，当地回族人多为赛典赤后裔。赛典赤第五子马速忽的后代分为马、速、忽三姓，落籍巍山的很多，其中又以马姓为主，俗称"赛家马"。在"赛家马"中，赛氏第八代子孙马文明有九个儿子，其中第九子马德宗就落籍在小围埂，成为今天小围埂马姓回族人的始祖。至今，在小围埂还流传着这样的民谚："马头马尾马耳朵，高山平坝小角落，无处不有赛家马，哪里田园见荒着"。

清同治十二年（1873 年），杜文秀起义失败后，小围埂作为起义的策源地和最后的堡垒，遭受清军的残酷镇压，劫后余生的回民仅为百分之一。直到清光绪三年（1877 年），清政府对流离在外的回民采取了"招抚安置"政策，才有部分村民归籍复业，重建家园。至今村中仍有可见的城墙、城门、壕沟、炮台、练兵场、誓师地、墓地等历史遗迹（见图3-31）。

---

① 数字乡村网. 小围埂村简介 [EB/OL]. 数字乡村网，2017-09-21.
② 小围埂清真寺民主管委会. 小围埂村志 [M]. 昆明：云南美术出版社，2011：18.

图 3-31　小围埂村先贤马注墓

2. 小围埂清真寺

小围埂清真寺的历史可以追溯到元末明初，回族先民落籍时建盖的简易礼拜房。明末清初，为满足不断增长的人口对做礼拜需求，经村民商议后，在现在礼拜寺的位置，新建盖了一座七格子进深的新清真寺。后来，又扩建为九格子进深，俗称"七转九"。

在清杜文秀大理政权时期，小围埂清真寺再次得到重建：在备料上十分认真，大殿的格子门、窗子和门枋的木料都是特地到乔后井采购回来的柏枝香木料。同时，还聘请到剑川一流的木匠大师傅和雕刻技师施工建造，在清真寺格子门上精雕细刻了一幅幅玲珑剔透、精致无比的花木笔墨纸砚等各种图案。清咸丰十年（1860 年），一座碧瓦红墙、美丽壮观的朝真大殿在小围埂建成，成为当时滇西一流的清真寺建筑。为此，杜文秀还亲自为小围埂清真寺朝真大殿和大门撰写了匾额和楹联（小围埂清真寺民主管委会，2011）。

清同治十二年（1873 年），清军攻陷小围埂，清真寺也被付之一炬。清光绪三十四年（1908 年），在清政府"招抚安置"政策下，陆续返回村中，赎回"叛产"的小围埂回族人，经多方筹措资金，在原址上建盖了一座新的清真寺。

此后，这座建于清光绪年间的清真寺一直沿用到 20 世纪 70 年代末（见图 3-32）。因礼拜大殿不能满足逐渐增长的人口对做礼拜的需求，大殿两边的山墙被拆除，殿身由 5 格扩大到 9 格。直至 70 年代末，礼拜大殿又被拆掉，重建为钢筋混凝土结构建筑。

20世纪70年代的清真寺朝真大殿

图 3-32　小围埂清真寺旧礼拜大殿①

---

① 小围埂清真寺民主管委会. 小围埂村志［M］. 昆明：云南美术出版社，2011.

现小围埂清真寺占地 15 亩，由礼拜大殿（朝真大殿）、宣礼楼、南北教学楼、宿舍、水房等组成。宣礼楼位于整个建筑群的中心和中轴线上，并把清真寺隔为两进院落。进入清真寺后，需通过宣礼楼楼下的通道方可进入第二个院落。

宣礼楼高四层，为四角攒尖式塔形建筑，背面四层重檐，一层厦檐与辅楼一致，二层厦檐较辅楼稍稍翘起，三、四层重檐与正面一致。一、二层檐下均绘彩画，辅楼歇山山面绘山花（见图 3-33）。

图 3-33 小围埂清真寺宣礼楼

重建后的礼拜大殿，长 37.5 米，宽 22.5 米，高 18 米，建筑总面积约为 2450 平方米。上下两层，有地下室，第一、二层面积各为 825 平方米，每层可容纳千余人做礼拜。值得一提的是，现礼拜大殿虽然整体是钢混结构的，但礼拜大殿的屋顶采用了传统的瓦屋顶，并且"在重建时，充分利用原来老清真寺换下来的旧瓦和老瓦"（小围埂清真寺民主管委会，

2011）。礼拜大殿主楼两侧建有两座具有浓郁伊斯兰风格的望月塔，塔高五层，塔尖呈八角形，每层都是尖拱券门、铁栏围杆，塔顶是绿色的圆顶，其上有星月装饰。因此，重建后的礼拜大殿呈现出一种浓厚的中西合璧建筑风格（见图3-34）。

图 3-34　小围埂清真寺新礼拜大殿

寺内还保存有小围梗村民国三年（1914 年）树立的《杜契永业图》碑一块，记载了小围埂遗民买回田产，重建村寨的经过。当年小围埂被清军攻陷后，村民原有的田产都被清军将领作为"叛产"卖给了丽江雪山书院，书院又将田地租给小围埂幸存的遗民。到了 1914 年，将田产又卖回给小围埂人，最终小围埂人用五千二百两银两从丽江雪山书院买回田产，并用杜契文刻石，立于现小围埂清真寺内。

（四）大围梗村

1. 大围埂村简介

大围埂村坐落于旭照山西麓，隶属于永建镇永平村委会，是永建镇最早形成的"三个回族村之一"①。全村辖 3 个村民小组，有农户 465 户，人口 1798 人。国土面积 0.87 平方千米，有耕地 491.30 亩，人均耕地 0.34 亩。②

大围梗村 2013 年末人均纯收入达 6700 元，1992 年被县委政府列为 "巍山一日游"景点之一，2013 年被永建镇党委政府列为"创建民族团结 繁荣稳定示范村"，2014 年被永建镇党委政府列为"创建民族团结繁荣稳 定示范村"。③

2. 大围埂清真寺

元末明初，随着回族屯戍人口增多，大围埂便有了专门用来做礼拜的 "回子房"。清嘉庆三年（1798 年），建成规模较大、较为完整的清真寺。 其后，经历几次扩建和重修，清真寺逐渐形成规模，教堂教育也随之兴旺 发达。清同治十二年（1873 年），清真寺毁于战火。直到民国六年（1917 年），被完全损毁的清真寺大殿才得以重建。民国三十六年（1947 年）， 在村民的努力下，新建三层楼堂式宣礼楼。中华人民共和国成立后，1972 年翻修大殿，1976 年大殿增制重建，由原来的三间扩建为五转七间，总面 积达 393 平方米。1990 年清真寺管委会发动群众筹集 60 余万元的资金， 动工兴建新的礼拜大殿，历时一年落成，取名为"敬一大殿"，为"敬拜 独一真主之意"。

大围埂清真寺现由礼拜大殿、宣礼楼、厢房、门楼、水房等组成。礼 拜大殿（见图 3-35）为重檐歇山式，高 15 米，宽 33 米，长 36 米，占地 面积 1000 平方米，使用面积 1600 平方米，可容纳 2000 余人同时做礼拜 （大围埂村志编委会，2010）。

---

① 元宪宗三年（1253 年）忽必烈、兀良合台率蒙古军和西域回回军十万人入蒙化， 驻防军事重地在大围埂、小围埂、回辉登。后来这三个地方成为元朝永建镇最早的 回族村。

② 数字乡村网. 大围埂村简介 [EB/OL]. 数字乡村网，2017-10-02.

③ 永建镇文化站内部资料：璀璨明珠大围埂村。

　　宣礼楼（见图3-36）将清真寺分隔为两个院落，为四角攒尖式屋顶、三楼一底式塔楼建筑，建筑总面积为576平方米。

图 3-35　大围埂清真寺全貌①

图 3-36　大围埂清真寺宣礼楼

---

　　①　图中可见，清真寺大门、宣礼楼、礼拜大殿沿中轴线一字排开。

（五）回辉登村

1. 回辉登村简介

回辉登村是巍山县的回族村寨之一，与其周围的大围埂、小围埂、三家村、马米厂、晏旗长和莲花村等村寨，同属巍山坝子（回辉登位于巍山坝子北端），这些村案在地理环境及社会经济形态上大体相近。

回辉登隶属于永建镇，为永胜村村委会所在地，国土面积 2.48 平方千米。回辉登位于瓜江（沅江上游）沿岸，交通便利，气候与水利条件较好，有优越的农业生产及多种经营条件。全村辖 8 个村民小组，有农户 1454 户，有乡村人口 4940 人（2014 年数据）。有耕地 1854.40 亩，其中人均耕地 0.37 亩。①

回辉登同样拥有悠久的历史。南宋宝祐元年（1253 年），元驻防屯牧于此，得名"回回墩"，后来逐渐由屯军的回回营地演变为就地落籍的回族村寨，并取回族光辉之意，改名为"回辉登"。这段因战争而迁入，就地落籍为民的历史，已成为当地回族人的一种集体记忆，被反复讲述：

> 从元朝元宪宗，当时宋朝从金沙江攻下来来到大理国，那时巍山是属于南诏故地，为了防止大理国的后方被糟蹋，就在这边屯兵，有三个阵营：回辉墩、大围埂、小围埂。当时就是上马为兵，下马为民。元朝军就在这里住了下来。后来咸阳王（赛典赤·赡思丁②）来了以后，原来大理国是云南的首府，是下关，

---

① 数字乡村网. 回辉登村简介［EB/OL］. 数字乡村网，2017-11-25.

② "赛典赤·赡思丁"是其波斯语名字"Sayyid Ajall Omer ai-Shams Din"的准确音译，也是来自《元史·赛典赤·赡思丁传》的权威翻译，对此，史学家白寿彝、杨志玖先生也有详细的考释。而本书作者最早采用的"赛典赤·赡思丁"是云南民间一种错误的用法，后经云南著名回族学者姚继德先生的指正，作者及时进行了更正，特此做出说明，并向姚继德先生表示感谢。

后来才迁到昆明。马速忽在这里征战，于是元朝的军队也一直都在这个地方住了下来。所以回辉登的历史就是从元朝开始的。根据元史上记载，屯兵之地叫作回辉墩，有铁、石、龙三户。这三个姓的后代，都是回族，也都是元军的后代，在此落籍为民。

回辉登以清真寺为中心，两条主街交叉为十字形，将全村分为东西南北四个片区。村中巷道纵横交错，户户相通。一幢幢回族传统古民居集中连片分布，犹如棋子般错落有致地镶嵌在清真寺周围。根据2014年底的统计数据①，目前仍有1126户居民居住于土木结构的传统民居内。因此，在整体上，古民居保存得比较完好。2014年，回辉登被列入"第三批中国传统村落名录"。

据统计，中华人民共和国成立前，回辉登的460多户回民中，有414户村民经商或半农半商，占全村人口的90%以上。经商者主要以赶马为主，一般每户养2匹以上的牲口；全村共有44个马帮，2000匹骡子，占全县驮骡的40%。（叶桐，2000）

2. 回辉登清真寺

回辉登清真寺由礼拜大殿和若干厢房组成，整个寺院布局整齐，开阔大方，占地约11亩，总建筑面积为5906平方米。整个建筑群坐西朝东，西面是礼拜大殿，东边是天井，南北为厢房，沿中轴线整齐分布。

礼拜大殿始建于明洪武二年（1369年），光绪初年毁于火灾，光绪二十年（1894年）重建。1944年又在西面建了一座规模更大的新殿，与老殿并存。1993年，为适应人口发展的需要，对清真寺进行了大规模的改造，将光绪二十年（1894年）建的宣礼楼拆除，老殿移往村东做女子阿拉

---

① 数字乡村网. 回辉登村简介［EB/OL］. 数字乡村网，2017-11-17.

伯文学校校舍，在原址上新建礼拜大殿，与1944年的礼拜大殿相接，形成当今规模庞大的礼拜大殿（见图3-37）。礼拜大殿采用中国传统建筑与阿拉伯式建筑相融合的建筑风格，殿身主体为三层，高32.9米，建筑面积3574平方米，为钢筋混凝土结构，瓦屋顶。礼拜大殿屋脊正中设有一个六角亭，前檐两侧各建有一个高大的宣礼塔，站在塔楼上可俯瞰全村（见图3-38）。

图3-37　回辉登清真寺新旧结合的礼拜大殿侧面图

现有的礼拜大殿实际上是一个多功能的复合体建筑物，集合了礼拜堂、宣礼塔、教室、会议室等多种用途。一层为礼拜堂，可容纳四千余人同时做礼拜；二、三层为教室、会议室、图书室、阅览室、客厅等；宣礼塔高五层，分布在礼拜大殿两侧。

图 3-38 回辉登清真寺新旧结合的礼拜大殿正面图

四、南涧公郎

（一）南涧历史沿革

西汉年间，南涧属益州郡的邪龙县（今巍山）管辖，东汉永平十二年（69年），改属永昌郡。南诏国时始有南涧之名，属蒙舍睒地。元忽必烈至元十二年（1275年），开始在南涧设置定边县，隶属镇南州（今南华县）。明洪武十六年（1383年），明军平滇，南涧复置定边县，改隶楚雄府。清雍正七年（1729年）裁去定边县制，划归蒙化府（今巍山）管辖，于南涧地设南涧巡检司，公郎地设浪沧巡检司。1914年裁蒙化府为县，原南涧、浪沧两巡检司，改设南涧、浪沧两县。1933年，撤销南涧、浪沧两县，改为蒙化县的四、五、六三个区。中华人民共和国成立后，1961年开始筹建南涧彝族自治县，1965年正式成立南涧彝族自治县至今。

据《蒙化府志》和《蒙化志节稿》记载，元代已有回族先民入籍今南涧公郎。明洪武二十一年（1388 年）"定边之战"结束后，明军中的回族军多留居在定边县境的要隘地带。明朝"移民就宽乡"[1] 时，也有一些从事工、商的回回军入户，从南京、江西等地迁来南涧屯田定居，公郎回营村就是当时所设"营、屯、卫、所"的一个点，故名"回营"。清代初期，来云南的军队中的回族军人，也有部分落籍于南涧。乾隆年间，西北回民起义失败后，有一些回民的子女迁到云南，其中有部分被迁至南涧。另外，也有少量的回族人从事宗教活动，由沿海或中原地区流入南涧。

（二）公郎镇回营村简志

公郎镇位于县境西南部，与无量山镇、小湾东镇、宝华镇、碧溪乡、拥翠乡接壤，与临沧市的云县、凤庆县毗邻，与普洱市的景东县相连。镇人民政府驻地公郎街，国土面积 277.78 平方千米，全镇人口 32715 人。（潘建祥，2017）

公郎镇的回营村是南涧县回民的主要聚居地。回营村地处公郎镇中心，四面青山环绕，距公郎镇人民政府驻地 1 千米。现有 8 个村民小组，总户数 410 户，总人口 1589 人。其中回族 1569 人，汉族 20 人。全村原有耕地 883 亩，因国家修建祥临公路征用 68 亩，现有耕地 815 亩，人均耕地 0.53 亩。[2]

回营村交通便利，2007 年通车的祥临公路穿村而过；村旁的公郎大河由罗伯克河、凤凰河、乌桃河、底么河等小河汇集而成，流入澜沧江。

改革开放前，回营村主要经营农业，基本上没有第三产业，由于人口

---

[1] 元末明初的长期战争，导致当时中国很多地区人口骤减、土地荒芜、经济凋敝。面对全国经济凋敝的衰败景象，恢复发展生产就成为统治者的首要任务。因此，为发展农业生产，明代自洪武开国至永乐后期约 50 年的时间里，在全国范围内进行了多次移民活动。而"令狭乡之民迁于宽乡"就是明洪武初年所确立的移民原则。

[2] 数字乡村网. 公郎镇简介［EB/OL］. 数字乡村网，2017-10-19.

多、耕地少、经济落后，群众生活较为困难。党的十一届三中全会以后，大力发展二、三产业，开展多种经营，群众生活有了很大改善。回营村的二、三产业，主要是茶叶运销、餐饮服务、农副产品加工运输、养殖、建筑等行业。

茶叶运销是回营村的优势项目。公郎镇本身就是一个产茶区，相邻的云县、凤庆、景东、临沧更是云南省著名的茶叶出产地。2002 年 7 月，回营村由村委会、清真寺管委会牵头，创办了茶叶交易中心，开展茶叶贸易活动。茶叶不仅供给下关茶厂做原料，还远销大西北地区。目前全村有近 350 个农户从事茶叶生意，其中有 11 个大户，这些大户带动小户，前往本县各乡镇以及相邻各县，从茶农手中购买茶叶来做交易。

运输业是回营村的另一个重要产业。目前全村有大小车辆 120 多辆，其中经营昆明、临沧等地的夜班车 3 辆，中巴车 6 辆，小轿车 4 辆，大中型货车 73 辆，翻斗车 4 辆，挖机、推土机 3 辆，拖拉机 19 辆，小三轮车 12 辆。

餐饮服务业也是回营村的重要经营项目。到目前为止，全村从事餐饮服务业的共有 32 户，其中在本村开回族餐馆的有 9 户，在外地开回族餐馆的有 23 户。

（三）回营村清真寺

回营村清真寺位于南涧县公郎镇回营村的"底么"山麓，为一院式建筑，由大殿、叫拜楼、教学楼等组成（见图 3-39），占地 2000 多平方米。回营村清真寺的历史，可以追溯到明代回族先民落籍时，建盖的简易礼拜堂。现清真寺始建于清嘉庆十七年（1812 年），清朝道光年间因人口增多，又对礼拜大殿、叫拜楼等建筑进行了扩建。1951 年，清真寺因失火，礼拜大殿被焚毁，仅存 1 块清嘉庆十七年（1812 年）碑刻和 22 扇雕花格子门。1953 年，村民自筹资金 20000 多元，投劳力 7900 多个，重新建盖礼拜大殿，仍然采用中国传统建筑风格。

老清真寺失火后，礼拜大殿基本上被烧毁了，只留下了几扇三层镂空木雕的木门。后来重建时，特地请了已经八十多岁的老剑川木匠来翻新，工钱是按一两木屑一两银子来计算的，人们马驮人背将材料运上山，在传统的运输方式下将清真寺重建了起来。

图3-39 公郎镇回营村清真寺全貌

礼拜大殿为两层歇山顶建筑，长20米，宽17.7米，高12.3米。楼上楼下可同时容纳1000多人做礼拜（见图3-40）。礼拜大殿由32根柱子支撑组成，右侧墙壁上镶有清嘉庆十七年（1812年）古碑1块，记载着回营村清真寺的历史（见图3-41）。礼拜大殿一层现有的22扇雕花格子门是原建筑遗存，被完整保留了下来。格子门采用多层镂空透雕技法，雕刻出龙、凤、狮、虎、鹿及各种植物图案，精致细腻，传神生动，为珍贵的木雕艺术品（见图3-42）。

图 3-40　公郎镇回营村清真寺礼拜大殿

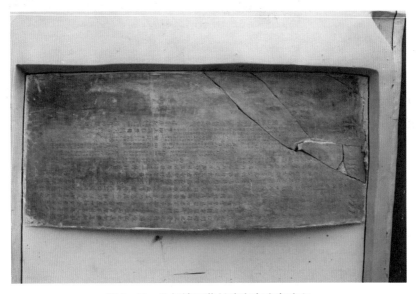

图 3-41　公郎镇回营村清真寺建寺碑文

图 3-42 公郎镇回营村清真寺礼拜大殿的雕花格子门

　　宣礼楼为原建筑遗存，采用穿堂门楼的形式，将楼、门、厅的功能结合在一起。高三层，通面阔 16.8 米，通进深 7.6 米，为砖木结构，青瓦屋面，飞檐翘首，以雕刻、彩绘加以装饰，显得古朴典雅、精致宏伟（见图 3-43）。

图 3-43 公郎镇回营村清真寺宣礼楼

"文化大革命"期间，回营村清真寺遭到了不同程度的破坏，成了当地"造反派"的批斗会场，礼拜大殿变成了生产队保管粮食的仓库，被锁了起来。十一届三中全会以后，党的民族政策得到了落实，宗教信仰自由得到了保护。1979年底，公郎镇回营村清真寺礼拜大殿被正式打开，从此村民可以进回营村清真寺做礼拜了。

公郎镇回营村清真寺1996年被南涧县人民政府列为"第三批文物保护单位"。1997年公郎镇回营村清真寺被评为"州级模范清真寺"。2012年公郎镇回营村清真寺被云南省人民政府评为"云南省第七批省级文物保护单位"。

（四）回营村民居

回营村的布局可能与其在古代发挥的军防作用有关，整个村子位于底么村半山坡上，地势较高。房屋结构大多为土木结构、瓦屋顶，其基础用石头垒砌，墙体也采用石块或土夯成，一些一两百年的老房屋的墙体，至今保存完好（见图3-44）。村中的通道大多为铺弹石，巷道交错，连贯成片。在外观上，回营村的民居与本地传统民居并无太大差异，但在门楣、堂屋等处都有明显的伊斯兰经文标识或装饰纹样（见图3-45）。

图3-44　公郎镇回营村巷道

图 3-45 公郎镇回营村的民居大门

1. 古宅记忆之一：马家大院

据房主介绍，这个古宅已经有两百年左右的历史了，它采用了云南传统的"四合五天井"建筑形式。目前，主房保存得最好，阁楼上的格子窗户都完整地保存至今。此外，讲究对称的雕花木门前还左右各有两根一百多年的木柱（见图 3-46）。

马家大院的四面房除了主房对面的面楼外，阁楼都能上去，用以存放物品。居住在面楼的人家新建了现代化的房间，拆了阁楼，只留下了屋顶，还看得出是原来马家大院的一部分。据房主介绍，马家大院在土地改革时期被分给了村里多户人家。后来，主人家出于对老宅及祖先的尊敬"用自己的钱买自己的房"，买回了老宅。目前，居住在马家大院里的实际上是三家，但三家之间都是具有血缘关系的直系亲属。房主的女儿现在嫁到了沙甸，平常都是往返住在两地，女婿家曾提出给他们在沙甸买新房，但他们出于对故土的留恋，没有接受，并表示不会卖掉自己的老宅。

图3-46 公郎镇回营村马家大院的主房

图3-47 公郎镇回营村马家大院百年历史的木柱

2. 古宅记忆之二：马家老宅

现居住在马家老宅里的房主已经 77 岁了，子孙绕膝的他已是五世同堂。据老人回忆，他家的古宅是其祖宗在清末年间，专门请修建清真寺的剑川木匠来建的，本来与背后的一间古宅是相通的，土地改革时期后被阻断。土地改革时期他家的大院被分割后分配给了七户人家，住了四十多口人，有一间房还被作为屯粮食的保管室占用了三十年左右。

图 3-48 公郎镇回营村马家大院特有的"喜"字窗户

后来，老人决心一定要买回老祖宗盖下的古宅。20 世纪 80 年代，四五分一个鸡蛋，粮食也才一毛五一斤，老人卖了所有口粮，用 250 块钱买回了这间被占用的房子。由于被占用期间使用者的不爱护，当他们买回房子时，阁楼已经损坏得很严重了，于是他们又花了一大笔钱去修补。截至目前，这间房已经重修了四次，上一次就在十几天前。

老人的儿子说，土地改革后他的父亲带着他们一家人住在一间阁房里。要上阁楼睡觉时，所踩的木梯都是自己搭建的。无论当时吃得再差，劳动得再累，也没能阻止他父亲买回老宅的决心。他也表示以后有能力了修好老宅，只要来访的各个民族遵守穆斯林的传统，就愿意免费供人参观，一来是继承传统，二来是宣传回族的文化。

五、永平曲硐村

永平县位于大理州西部，地处"蜀身毒道"之要冲，云岭山脉分支博南山和云台山之间。永平历史悠久，东汉永平十二年（69 年）即已设置博南县，属永昌郡（今保山）。永平县的回族人口主要分布在博南镇，其中尤其以曲硐村居多，曲硐村现已成为滇西最大的回族聚居村。2014 年 2 月底，永平曲硐村入选国家住房和城乡建设部、国家文物局公布的"第六批中国历史文化名镇名村目录"。

（一）曲硐村基本情况

1. 地理位置

曲硐村位于永平县城南端的博南镇（永平坝子南端），距离县城中心 4 千米，西依小狮山、东傍银江河、南临大保高速、北靠 320 国道，位于大理、保山、怒江三地州交界处。博南古道①由此穿越，是中国内地通往东南亚的重要交通门户和重要物资集散地。

2. 自然状况

曲硐村国土面积 10.65 平方千米，海拔 1580 米，年平均气温 16.60℃，年降水量 1657.30 毫米，适宜种植水稻、玉米等农作物。有耕地 1955 亩，人均耕地 0.38 亩。全村辖 33 个村民小组，总户数 3547 户，总人口 7221 人，其中回族人口占全村总人口的 90%。②

3. 经济状况

永平曲硐回族村寨有 793 户人家，做各种生意的有 554 户。中华人民

---

① 对博南古道的详细介绍见后文。
② 云南数字乡村网. 曲硐村简介［EB/OL］. 云南数字乡村网，2017-12-05.

共和国成立前,当地的生意人多数以赶马为业,通常每户养马 2～10 匹。曲硐与回辉登、大理、宾川的赶马业一同取得誉满全省的"回民马帮"称号。

依托优越的交通区位、良好的投资环境和当地回民善于经商的传统优势,曲硐村现已发展成为辐射大理、保山、怒江、德宏、临沧等地州市最重要的以泡核桃、野生食用菌和药材、皮张等交易为主的农产品集散地。

4. 文化特色及生活现状

曲硐村的村落规模较大,据 2014 年底的统计数据,曲硐村有 599 户砖木结构住房,706 户土木结构住房。① 在保留了大量土木结构的传统民居的同时,得益于近年来当地经济的快速发展,各种钢筋混凝土结构的现代民居星罗棋布。但根据我们的观察,砖木结构、钢筋混凝土结构的现代民居现已成为村里民居的主流建筑形式。在现代化的进程中,为改善居住条件,曲硐村大量的传统民居消失了,但幸运的是,曲硐村原始的道路交通系统和水系设施却得以完整地保留了下来。这也使得曲硐村在很大程度上保留住了其独特的古道历史文化特色。

(二)博南古道与曲硐古城

曲硐村有着悠久深厚的历史底蕴,而其中"博南古道"和"曲硐古城"是其历史与文化最具代表性的。

1. 博南古道

"博南古道"为汉代以后逐步形成(汉代又称"蜀身毒道"),因途经地势险要的"博南山"而得名(永平古称"博南"),是西南丝绸之路的重要组成部分。② 博南古道的开通,使西南丝绸之路与后来的陆上丝绸

---

① 云南数字乡村网. 曲硐村简介 [EB/OL]. 云南数字乡村网, 2017-12-05.

② 西南丝绸之路从今四川成都(蜀)出发,分别经由东南面的五尺道和西南面的灵关道,最后汇合于大理,再从大理往西,进入博南山区,通过博南古道后,经永昌(保山)、腾越(腾冲)出国境,再经缅甸,最终到达印度(身毒)。

之路（西域道）一起，形成古代中国与印度、西域进行经济文化交往的南北两条遥相呼应对外交通要道，共同肩负起古代中国对外交流的重任。

博南古道开通于汉代（汉、晋时期又称"滇缅永昌道"）。博南古道自顺备桥（东与漾濞县相接）入永平县境，经黄连铺、北斗铺、万松庵、彬松哨、宝丰村进入县城，而后经曲硐、桃源铺、花桥，至彬阳，翻江顶寺梁子，过霁虹桥出县境（入保山）。博南古道在永平县境内绵延100多千米，不但2米多宽的路面全以大石铺砌，而且基本没有岔路，至今保存相对完好。

博南古道的开辟，是张骞出使西域的意外收获。当张骞历经千辛万苦，结果发现到西域各国"从羌中，险，羌人恶之，稍北则为匈奴所得"（《史记·大宛传》）①，而"诚通蜀，身毒国，道便近，有利无害"（《史记·西南夷传》）②。他由此便推断西南有一条通往西域的道路，并在归来后，向汉武帝禀报此事，汉武帝遂派人前往西南夷，寻找开辟"蜀（四川）身毒（印度）道"，但使臣因为受到唐昆明等部落的阻碍没有寻找到。公元前109年，孝武帝通过再次寻找，打开了这条通道（据《华阳国志·南中志》记载："孝武时，通博南山，度兰沧水、耆溪，置巂唐、不韦二县。"）③。到（69年）东汉永平十二年，汉王朝相继建立了哀牢、博南二县。至此，一条始于四川，分朱提道和灵光道两路进入云南，在楚雄汇合后并入，博南古道跨过澜沧江，再经永昌道和腾越道，出缅甸、印度等国的国际性通道被完全打开了。博南古道开通后，成为中国布、邛竹杖、蚕丝、茶叶、烟盐、中药材等货物运到南亚甚至欧洲诸国，又把国外的棉纱、小百货、煤油、宝石等运回国内进行交易的要道，从而使沿途市场经

---

① 司马迁.史记［M］.长沙：岳麓书社，1988：888.
② 司马迁.史记［M］.长沙：岳麓书社，1988：831.
③ 常璩撰.华阳国志校注［M］.刘琳，校注.成都：巴蜀书社，1984：427.

济得以发展（永平县志委员会编撰，1994）。

图 3-49 博南古道及古道上的马蹄印

1937 年，因滇西抗战的需要，绕行博南山的滇缅公路永平段竣工通车，大批战略物资和信息不再经由博南古道马帮驮运，国际运输线由古丝绸之路转移到滇缅公路上，但博南古道仍然是民间的运输要道。中华人民共和国成立后，1959 年至 1980 年，滇缅公路永平段分期得到改建，改建后的公路走势与博南古道相同，并且大部分重合，里程得到缩短，行车条件得到明显改善。2002 年，穿过博南山的大保高速公路建成通车，使博南古道彻底沉寂下来，博南古道、滇缅公路、320 国道、大保高速公路以及正在建设的大瑞铁路，以翻越、绕行、穿透三种形式充分佐证了博南山在中国交通史上的重要性和战略意义，也佐证了先人们开辟修建博南古道的前瞻性。[①]

2. 曲硐古城

曲硐古城即现在的曲硐村，古城分为大东门、小东门、西门、北门四道门，历来人户密集，曾几度设过县署。清同治十一年（1872 年），永平县城从老街移到曲硐，县府设在东门。光绪十八年（1892 年），县城又由

① 永平县政府网站. 曲硐古城［EB/OL］. 永平县政府网站，2012-06-15.

曲硐迁移老街。民国元年（1912 年），县城又由老街迁移曲硐，县府设在北门。民国 25 年（1936 年），因滇缅公路绕道云龙，又才搬出曲硐。①

中华人民共和国成立后，建立了曲硐区，后几经变更名称，1984 年改为曲硐回族乡；1996 年撤销曲硐回族乡，建立曲硐镇；2005 年，撤销曲硐镇，建立博南镇，曲硐古城现隶属于博南镇。

曲硐古城的传统格局保存完好，现城内的道路多以青石铺就，巷道纵横交错、沟渠密布，渠中流水潺潺。村中房屋鳞次栉比、错落有致，仍有许多古民居建筑散落在村内。博南古道（任远街）由北向南贯穿古城，一千多米的青石板古驿道至今清晰可见（见图 3-50）。

图 3-50　由北向南横贯曲硐村的"博南古道"

曲硐与永平历史上的重大事件多有关联，如现尚存的城门遗址、古道遗址、简易师范遗址（见图 3-51）、大小坟院、罗家大院、马店遗址等。

———————————

① 永平县人民政府驻地现为老街镇。

图 3-51　简易师范遗址

曲硐地热资源丰富，温泉远近闻名，平均水温 47℃～50℃，属碳酸矿泉水体，含有多种矿物质硫黄。"曲硐氤氲化，涓涓涌洁泉。方塘常有热，勺水胜人煎……"这是民国时期一位不知名的文人对曲硐温泉的由衷赞叹。温泉地处博南古道的必经要塞，因而开发较早，在明代便已盛名远播。《徐霞客游记》中有如下记载："温泉当平畴之中，前门后阁，西厢为官房，东厢则浴池在焉。池二方，各为一舍，南客北女。门有卖浆者，不比他池在荒野也。余先酌而入浴，其汤不热而温，不停而流，不深而浅，可卧浴也……"（徐弘祖，2007）

清末，温泉房舍遭兵燹。民国三十一年（1942 年），抗日驻军二十八师与地方协力重修，建男女浴室 3 所，楼房 4 间，厨房 3 厦，并在四周种植柳树，成为"绿柳成荫、景色迷人"的风景胜地，被誉为"柳林温泉"（见图 3-52）。

（三）曲硐清真古寺和回族文化城（曲硐清真新寺）

曲硐村现有两座清真寺，一座是坐落于小狮山山脚，建于 1913 年的曲硐清真古寺；另一座是坐落于小狮山山顶，建于 2006 年的曲硐回族文化城（曲硐清真新寺）。两座清真寺通过山坡上的石阶梯互联互通，合为一体（见图 3-53、3-54）。

图 3-52　柳林温泉遗址

图 3-53　曲硐清真古寺分布示意图①

---

① 笔者根据拍摄于曲硐镇政府的"曲硐古城规划图"做了标记修改。

图3-54 曲硐清真古寺全貌①

1. 曲硐清真古寺

（1）曲硐清真古寺的建筑现状

曲硐清真古寺现位于曲硐村小狮山东麓。但它最早并不在现在的位置，而是建盖于曲硐南山下。在新河未改道以前，河水从西门街心直下，把整个村子分为两半，中隔小河，因为往来不便，故有大礼拜寺、小礼拜寺之分。当时，大礼拜寺位于南门大坟院之西，小礼拜寺则在西门小狮山脚。至清末新河改道后，曲硐人口增多，住房面积扩大，村子连成一片。

---

① 白学义，白韬. 中国伊斯兰教建筑艺术（中册）［M］. 银川：宁夏人民出版社，2016：345.

至民国二年（1913年），两寺合并为一，建成现有的礼拜寺，全部建筑面积1000余平方米。[1] 1988年，曲硐清真古寺被列为"县级重点文物保护单位"，现已列为"州级文物保护单位"。

曲硐清真古寺前门临街，院落由雄伟壮观的大门楼、礼拜大殿和宣礼楼组成，分内外两院（两进院），内院有礼拜大殿、宣礼楼、南北两厢，外院有南北厢房、大门楼，整体建筑面积达2000平方米。

曲硐清真古寺的礼拜大殿坐西朝东，建筑样式（屋顶）为单檐翘角歇山顶，穿斗式梁架结构（前檐下施斗拱）。礼拜大殿面阔7间，建筑面积800平方米（见图3-55）。礼拜大殿采用共用柱62根，前出厦[2]加走廊5间，通面阔20米，进深15米。礼拜大殿正壁作凹形券顶神龛（米哈拉布），门面上悬"化理清真"木匾，古朴庄重（见图3-56、3-57）。

图3-55 曲硐清真古寺的礼拜大殿

---

① 曲硐清真古寺碑记。

② "出厦"就是在原有建筑结构体建成之后，根据需求又生根添加出去的附属建筑。这种空间在结构上依附于原有建筑，在空间上和原有建筑空间连同，并在一定程度上增大了原有建筑空间，是一种造价低廉但很实用的建筑形式。

图 3-56　礼拜大殿内的米哈拉布

图 3-57　礼拜大殿"化理清真"匾

　　曲硐清真古寺大殿内的装饰古朴淡雅,不仅色彩以白、绿、原木色为主,其外檐装饰也较为独特,还多处运用了展翅的大鹏、龙头等动物造型(见图3-58)来加以装饰,同时辅以风格独特的伊斯兰书法经文装饰(见图3-59)①。

图3-58　屋檐下的斗拱造型

图3-59　曲硐清真古寺大殿内的伊斯兰书法经文装饰

---

① 这种伊斯兰书法的风格较为独特,与其他清真寺相比,有着明显的差异。但经访问,寺里的阿訇表示,他们也不知道这是一种从何而来的书法体。

除此之外，曲硐清真古寺的特别之处还在于：现有的礼拜大殿是经过后期扩建之后，新旧建筑结合在一起的。1982年，当地回民集资对礼拜大殿进行了维修；1987年，则从南北两侧对礼拜大殿进行了扩建，向外各扩建了两大间厅房（见图3-60、3-61）。因此，不同年代的建筑融洽地叠加在一起，如同岁月的年轮，共同见证了历史的沧桑和积淀。

图3-60 曲硐清真古寺新旧结合的礼拜大殿

建于民国二年（1913年）的曲硐清真古寺宣礼楼在"文化大革命"期间被毁。1990年，由当地教众集资，省州县三级补助，共筹集20多万元，复建了四层高的宣礼楼和大门楼。现立于大殿北侧的《修建曲硐清真寺碑序》（1996年）记载了这段历史："知感主恩，中共十一届三中全会后，民族宗教政策逐步落实，1987年又集资扩建了大殿南、北各二间。……1990年始筹备重建宣礼楼。……同时，对大殿花空屋脊全部复修，新铺大殿台阶地板砖，水磨石天子台，中院地铺六角砖。"

图 3-61　曲硐清真古寺新旧结合的礼拜大殿内部

图 3-62　柱脚石

　　宣礼楼采取了中外结合的建筑形式，兼具中国传统建筑特色和伊斯兰教建筑风格。宣礼楼共分为四层：第一层外面为六根大理石贴面方柱，中间为进入后院的通道，左右两侧各有一间厅房；从一层两侧转角楼梯倚栏而上便到达第二层，其阳台外墙以阿拉伯式拱形造型，正中有一广播室，为吾梭、阿訇宣讲教义，诵念古兰经的地方；第三层左右两边是会议室和阅览室，正前方的阳台上安有七大颗仙桃形座，上立伊斯兰教建筑典型的星月标志；从第三层正中的钢梯再往上便登上了第四层，上建一座六角凉亭，为全寺的最高点。整座建筑将伊斯兰风格和中国传统建筑风格有机地融合在一起，白墙绿字、清新雅致，别具一格。（见图 3-63）

图 3-63　宣礼楼

（2）曲硐清真古寺的历史考察

曲硐清真古寺历史悠久，始建于明洪武十五年（1382 年）。据传，曲硐清真古寺是在赛典赤·赡思丁第八代孙马国栋（他也被尊为曲硐回民的始祖）的带领下建成的，也是永平地区的第一座清真寺。

到 18 世纪初叶，永平已经发展到"有回民村 32 个，清真寺 25 座，人口近万人"。然而，到了清咸丰和同治年间，随着"红白旗惨案"和"曲硐冬月二十四惨案"相继发生，曲硐的回族同胞与伊斯兰教受到了极大的摧残。尤其是在清同治十年（1871 年），清军总兵杨玉科派遣游击蒋宗汉、都司马诚进攻曲硐，并放火焚烧大小礼拜寺，导致大礼拜寺伤痕累累，小礼拜寺被完全焚毁。而同时，永平"全县25座清真寺全部被毁，人口大减"。直到"光绪以后，回民逐渐增多，清真寺陆续得到恢复"（永平县志委员会编撰，1994）。

如前所述，曲硐清真古寺最先建盖在曲硐南山下，在新河未改道以前，因河水相隔、往来不便，故有大礼拜寺、小礼拜寺之分。在小礼拜寺被焚毁后，当地居民的宗教生活也因此受到影响，但却一直无力进行重建。直至民国二年（1913年），经过当地富商的慷慨解囊和广大回民群策群力，历经数年的清真寺才得以重建。重建后的新清真寺将原来的大礼拜寺与小礼拜寺合并为一，并一直保持原貌到今天。

民国三年（1914年），永平的伊斯兰教胞在曲硐清真古寺内成立了"回教俱进会"。从此，曲硐又成为永平伊斯兰教的活动中心。民国二十六年（1937年），抗日战争开始，全县伊斯兰教的穆斯林一致拥护抗日，将"回教俱进会"改名为永平县"回教救国协会"，配合当时政府与驻军宣传抗日救国的大政方针。

据当时正在读五年级的曲硐回族老人马嘉礼回忆[①]：抗战期间，一些当时的著名抗日将领——云贵监察使李根源、国民党陆军总司令宋希濂，以及中央军政部一位姓沙的回族部长都曾先后路过曲硐，进入中缅抗战前线视察。他们在经过曲硐时，在县长的陪同下，都特意到曲硐清真古寺给回族同胞做过演讲，号召回民同胞团结起来支援抗战。由于当时抗战形势严峻，中缅边界战事不断，国民党部队在前线与后方往来穿梭，而曲硐就成为必经之地。鉴于曲硐回族同胞积极支援抗战，国民党国防部就发了一块"清真寺里禁止驻军"的牌子，挂在曲硐清真古寺的大门上。这也保障了曲硐清真古寺在抗战期间安然无恙，未受到任何损坏。

---

① 马永欢. 曲硐清真寺与大小坟院［J］. 回族文学，2013（3）：32.

永平县人民政府成立后，1950 年中央少数民族慰问团亲临曲硐慰问，并赠有"中华人民共和国各民族团结起来"的锦旗一面，悬挂于曲硐清真古寺内。1953 年，改"回教救国协会"为"永平县回族联合会"。

"文化大革命"十年动乱期间，曲硐正常的宗教活动受到严重的干扰和破坏，曲硐清真古寺被迫停止礼拜活动。1976 年，"四人帮"被粉碎之后，党的宗教政策得到恢复。1982 年，经大理州人民政府批准，永平县成立了伊斯兰教协会，会址设在曲硐清真古寺内。（永平县志委员会编撰，1994）

2. 曲硐回族文化城（曲硐清真新寺）

曲硐回族文化城是永平县、博南镇为响应大理州提出的"建设旅游文化大州"而确定的建设项目。该项目于 2006 年启动，其中中西合璧的礼拜大殿于 2006 年 3 月开工建设，至 2008 年竣工（建成之后，曲硐清真新寺已成为滇西地区最大清真寺之一）。

曲硐回族文化城选址在小狮山顶，由大理州规划设计院负责规划设计。规划建设占地 76.5 亩，其中，山顶平面面积 49.5 亩，建筑面积 8078 平方米，道路广场面积 10812 平方米，绿化面积 35180 平方米。[1]

回族文化城的布局按照曲硐清真古寺的轴线文脉向后延续展开[2]，形成以曲硐清真古寺东西轴线布局为主，并以礼拜大殿为中心，其他设施呈放射性布局的结构形态。总体上由礼拜大殿区、文化展馆区、阿专学校区、特色商贸区、女宾礼拜区以及观景长廊等部分组成。中西合璧式的礼拜大殿是整个曲硐回族文化城的标志性建筑，其雄伟的建造，气势恢宏（见图 3-64）。

---

[1] 永平县政府网站. 曲硐回族文化城［EB/OL］. 永平县政府网站，2012-06-15.
[2] 规划图说明了这种布局，下部为合院式的曲硐清真古寺，上部为曲硐回族文化城的礼拜大殿，中间为相连二者的石阶山路。

图 3-64　曲硐回族文化城（曲硐清真新寺）

曲硐回族文化城不仅是一个文化旅游项目，实际还承担着做礼拜功能。据寺里的阿訇介绍，在此做礼拜的人数要远比在旧礼拜寺做礼拜的人数多得多。

在曲硐回族文化城的建筑范围内，尤其值得一提的是，与"曲硐"（奇洞）这个地名密切相关的"竖井遗址"（见图 3-65）。其中关于曲硐（奇洞）的传说是这样的：

图 3-65　竖井遗址

曲硐的小狮山正下方有一个横穿南北走向的山洞，人们为了探寻这个山洞之谜，曾多次点起火把，从北面的大口处，顺洞试探，洞越深越小，而且忽上忽下，弯曲起伏不平，进不了多远就无法前行试探了。后来又有人提出新的试探方法，用一条狗、一只猫，让猫先进洞，然后放狗，狗为了咬猫自然拼命猛追，猫害怕狗就一直往前跑，跑到山洞最南端出口处，掉下悬崖摔死了，而狗没有跑通，也无法退回来，后死于洞中。小狮山的形状像一只狮子，头朝南，尾朝北，山的东边居住着勤劳善良的回民，由于山里有"奇洞"，于是人们就把这里叫作"奇洞"。经反复掂量后，又取"奇"字的近音"曲"字，因洞的本身也是弯弯曲曲的，同时，还意味着"曲"字是"回"字近形字，所以小狮山脚下的这个村就确定为"曲硐"，"曲硐"二字便成为这个村固定的村名了。①

据传，小狮山有东、西、南三个洞口。我国著名的地理学家徐霞客曾西行至此进行考察，但"求所谓石洞，则无有无矣"，寻觅无果。1976 年，小狮山的西洞被发现；2000 年，因修建大保高速公路在小狮山取土，又在最顶上挖出一个洞口向上的冲天洞，洞口为 1.7×1.7 米，用方木镶嵌。2009 年，大理州文物管理所对此洞进行勘探确认为"竖井遗址"。如今，竖井遗址上，已经盖了一座亭子，竖井（洞口）就在亭子的正中央下方，井口安装了一块玻璃。透过玻璃，我们可以看到下面生长着茂盛的植被。

（四）罗家大院

曲硐的回族传统民居，大多属于清末及民国时期的建筑，具有浓郁的

---

① 永平县政府网站. 曲硐回族文化城［EB/OL］. 永平县政府网站，2012-06-15.

中国传统建筑特色。罗汉
彩①是清末及民国时期曲硐
的民主人士，其宅院——罗
家大院，也是曲硐目前保存
较为完整的回族民居。罗家
大院建造于清光绪年间，至
今已有一百三十多年的历
史，房檐照壁上的题诗绘画
依稀可见（见图3-66）。

罗家大院坐西朝东，背
靠独松树山，面朝银江大
河，占地面积近十亩（见图
3-67）。永平旧县署衙门和
县立简易师范学校就在它的
右边。据说，走进当时曲硐

图3-66　罗家大院照壁上的题诗绘画

古城的北城门（城门至今已不复存在），看到的第一座建筑物便是罗家大
院。至今，罗家大院"六合同春"的建筑格局还基本完好，现存四合院带
着两个套院。大院主体建筑是一座"四合五天井"的院落。院落前面是一

---

① 罗汉彩（1872—1932年），字云武，男，回族，永平曲硐人，民主革命者。清光绪
　年间，罗汉彩中武举，后弃武从商，资本雄厚，组织了三四百匹骡马的经商队，长
　年辗转于滇西地区及南亚各国。随着资本逐渐扩大，经商范围扩大到缅甸、泰国、
　新加坡及南洋群岛。时值国民革命兴起，罗汉彩受孙中山民主革命思想的影响，参
　加同盟会，将多年积累的部分资金捐给革命党人作为活动经费。不久罗汉彩与黄兴
　联系，准备举义于中缅边境麻栗坝，因英国殖民政府干涉，未能成功。罗汉彩参
　加了河口起义，加入滇西独立军。辛亥革命成功后，任云南督军府副官长；护国运
　动时罗汉彩随蔡锷出军四川，委任为统带。后告老还乡，罗汉彩筹集资金创办永平
　县立简易师范。1947年学校立碑铭记罗汉彩的功绩。参见：永平县民族宗教事务局
　编. 永平县民族志［M］. 昆明：云南民族出版社，2006：133.

个大广场，后面是一个大园子，三者的面积之比刚好为三等分。大院西北面挖有两米多深的壕沟，东南面是常年流水不断的小河。在壕沟与小河内侧筑有三米高的围墙。院落的西北角建有一座碉楼，楼上东西北三面墙上开有用来观察和射击的枪眼。因为大院位于城边，大院的西北外边全是田野荒郊，碉楼、壕沟、围墙三位一体的设置，显然起到了防护作用。

图3-67　淹没在现代建筑中的罗家大院

大院有两道大门，第一道大门（现已被拆除）在广场之东，面向任远街，为八字墙。大门前是一条小河，河上架有一座石桥正对大门。此大门与永平县立简易师范学校的大门一模一样，但比较高大，如果保存下来，卡车可直接穿过。进入大门穿过广场，便是高于东北角耳房的第二道大门了，俗称"二门"（见图3-68）。两道大门的门板厚三四厘米，夜间用碗口粗的顶门杠关牢，二门不直对大院，其建筑构思也许是避讳。穿过二门向左行便进入大院了。

图 3-68 罗家大院的二门

　　大院内建筑非常典雅，古色古香。西面为正房，高于东南北三方房屋，形成四合院。四合院的四角建有耳房，每间耳房都有小天井。耳房楼上可以相通。如此建筑便是典型的"四合五天井""走马串角楼"。四合院的每栋房屋均为三间，中间为堂屋，是会客、诵经的地方。屋内陈设比较讲究，有土漆香桌、八仙桌、春凳等。堂屋门全是三合六扇雕花格子门。堂屋左右是卧室，卧室窗户安有两道小门外带纱窗，室内镶木地板。四合院中间是大天井，中间种有一棵高大挺拔的桂花树，四角砌有花台，种着藤蔓花卉，一年四季都开花，环境十分雅静。

　　从现存的大院旧址来看，这座百年院落的建筑艺术与建筑材料都属上乘。四合院的每间耳房都开有通向小花园的后门，这样前有大门、后有小门的建筑布局，十分符合当今安全出口的设计理念。大院东南两栋正房又是两面出厦，南边房的堂屋是两面敞开的，穿过此堂屋门又走进一个介于大小五天井之间的一个天井。天井正面是一座照壁，照壁上写有"明月松间照,清泉石上流"此类字画。照壁前建有花台,种有两棵玉兰,每到冬天,玉兰绽放,让人感受不到残冬的萧条。正对照壁处建有两个花台,种有几棵枣树。难能可贵的是如今还有一株百岁高龄的枣树,仍枝繁叶茂,六七月间果实累累,黄里泛红,吃起来香甜清脆。在这个院子里的两侧还种有金桂、石榴。沿着金桂、石榴的花台脚有一条水沟,流水从大园子里直通往东耳房后的小花园,进入大院广场汇入门外的大水沟。罗家大院依山傍水,可谓得天独厚,气势非凡。

大院的建筑材料选材讲究,院子里的所有天井都是用六角青砖铺设的。台阶、墙角石、柱脚石全是选用芒麻石,尤其是柱脚石造型美观,既像圆灯笼,又像大石鼓。建房所用的木料防腐防蛀性能极佳。一百多年过去了,柱子、门面、楼板没有一个虫眼。据说建房木料所选用的青松木都是摆放在露天下的,经过一年多的风吹雨淋定型后才拿来使用。真可谓百年大计,质量第一啊!直到现在大院仅是屋面青瓦陈旧,年久失修,雨天渗水,部分椽子受其腐蚀,出现部分垮塌现象。

罗家大院的建筑除了主体住房之外,在大院广场的南侧还建有三十多米长的一串马厩。马厩西头是赶马人的卧室及厨房。显然,这是为罗汉彩远赴南洋从事马帮经商而特意建造的。马厩刚好与大院东边两面出厦的正房台阶相连。马帮归来可以摆放马鞍子、马架子。

六、保山腾冲

(一) 腾冲简介

1. 腾冲概况

腾冲位于云南省西部,是著名的侨乡集散地,也是省级历史文化名城。县域面积5845平方千米,辖11镇7乡,居住着汉、回、傣、佤、傈傈、阿昌等 25 个民族。历史数据显示，腾冲全县①在民国十九年（1930年）有回族 525 户，穆斯林 3000 余人（腾冲县志编纂委员会，1995）。而根据第六次全国人口普查统计（2010 年），腾冲的回族人口为 6776 人，占全县人口的 1.05%（全县人口为 644765 人，其中汉族人口为 595955 人，占 92.43%；少数民族人口为 48810 人，占 7.57%）。②

腾冲与缅甸山水相连，国境线长 148.075 千米。县城距缅甸密支那 200 千米，距印度雷多 602 千米，境内有国家一类口岸——猴桥口岸和自治、滇滩、胆扎等 16 条通道，也是中国陆路通向南亚、东南亚的重要门户，是中缅贸易的重要前沿。交通条件便捷，有腾冲—密支那、腾冲—板瓦两条二级国际公路通往缅甸克钦邦；从昆明出发经腾冲至缅甸密支那再到印度雷多的中缅印国际大通道（即著名的史迪威公路），这条国际大通道是连接中缅印三国中里程最短、条件最优、最为便捷、辐射人口最多的一条陆路大通道。

2. 历史沿革

腾冲西汉时称"滇越"，东汉属永昌郡。腾冲一名始于《旧唐书》，亦作"藤充""藤冲"，其后几经更迭，于 1913 年改设腾冲县。腾冲自古就是西南边陲的重要通商口岸，中国早在 2400 多年前就开辟了通过腾冲进入缅甸抵达南亚各国的"南方丝绸之路"，被徐霞客誉为"极边第一城"。1899 年英国在腾冲设立领事馆，1902 年清政府在腾冲设立腾越海关，并辖昆明海关，腾冲成为滇西的贸易中心和中国最早实现对外开放的地区之一。

明洪武十四年（1381 年），回族将领沐英、蓝玉随南征将军傅友德征

---

① 2015 年 8 月 4 日，腾冲撤县设市，由云南省直辖、保山市代管。
② 云南省政府信息公开门户网. 2010 年腾冲县第六次全国人口普查主要数据公报［R/OL］. 云南省政府信息公开门户网，2011-07-10.

战到腾冲，军队中约有 400 户回族在腾冲屯田定居。沐英在县城西南角建清真寺一所。清顺治十六年（1659 年），吴三桂派回族将领马宝率部民追击明永历帝朱由榔到腾冲，便又有很多回族人随之而来到腾冲屯垦、经商，最后落籍。至此，腾冲回族已有 4000 余户，遍布城乡各地，建有清真寺 6 所。上述历史，在《回教落籍腾越之历史》中有清晰的记载：

> 腾冲的回族人先后分两批于明清两代迁来，一是明代黔国公沐英、兵部尚书王骥三征麓川从南京来腾冲，二是随吴三桂部将马宝流落腾冲。在清代整个腾越厅就有回族四千多户，住在城里的就有二千多户，腾越城里的一切铺面十之七八，商场各行尽归回族人经营。①

可见，当时腾冲的回族人以经商为主，且经营有道，富庶一方。而嘉庆年间的《异族图说·邓邑风俗图》中有关保山、腾冲的记载，也证实了这一点。该书认为云南回族"资生每仗骡马利"，保山城"以三牌坊最为繁荣，举凡花纱、布匹、土杂生意，多由回族经营，城里五天一街，叫作赶回街"，腾冲唯一的大街上有 70% 的铺面由回商经营。（吴乾就，1982）

而到了清道光之后，形式骤变。道光二十五年（1845 年），由于民族矛盾加剧，许多清真寺被毁。清咸丰六年（1856 年），滇西爆发了以杜文秀领导的回族为主体，各民族人民参加的反清大起义，腾冲回族也随之起义。杜文秀建立大理国中期曾在此设腾冲府。同治十一年（1872 年），滇西起义失败，而腾冲起义军则一直坚持到同治十三年（1874 年）。② 在长达 18 年的反清斗争中，很多回族人民惨遭杀害，清真寺也被毁殆尽。直到

---

① 马维良. 云南回族马帮的对外贸易 [J]. 回族研究，1996（1）：18-26.
② 腾越厅（今腾冲市）所属云峰山是滇西回族起义坚守的最后一个据点。

光绪二十五年（1899年），腾冲县城的东门清真寺才得以重建。民国十九年（1930年），全县回族有525户，穆斯林3000余人。（腾冲县志编纂委员会编纂，1995）

在抗战期间，腾冲成为日军在怒江以西最重要的据点。民国三十一年（1942年），日军侵占腾冲，在滇西设腾越省和腾冲县。民国三十三年（1944年）9月14日，中国远征军光复腾冲。腾冲之战从1944年8月2日开始到9月14日结束，历时43天，国军先后投入五个师，以阵亡官兵8671人（其中，仅军官就阵亡1234人）的惨重代价，全歼盘踞在腾冲县城的日军148联队1300人。因此，腾冲成为抗日战争以来中国部队收复的第一个有日军驻守的城镇。腾冲县城几乎毁于战火之中（见图3-69）。

图3-69　国军进攻腾冲路线图

"文化大革命"期间，伊斯兰教正常的宗教活动被停止，有些清真寺被破坏或被占用。十一届三中全会以后，才归还了宗教财产（清真寺），恢复了正常的宗教活动。

腾越镇是腾冲市政府驻地，也是全市政治、经济、文化、旅游和流通中心。截至 2014 年末，全镇常驻居民 34990 户，总人口 118565 人。① 腾越镇有两座清真寺，即东门清真寺和玉泉清真寺。

（1）东门清真寺

腾冲东门清真寺现坐落于腾越镇东隅（腾越镇满邑社区元吉小区 136 号），占地面积 4891.5 平方米，是腾冲历史悠久的清真寺之一。据清真寺里的建寺碑文（已毁于"文化大革命"）记载，东门清真寺始建于明万历三十三年（1605 年），寺址位于腾冲老城的东门（四道门）外的馆驿巷，即现火山路广义大厦旁，故名"东门清真寺"。

图 3-70　腾冲东门清真寺大门

① 云南数字乡村网. 腾越镇简介 [EB/OL]. 云南数字乡村网，2001-12-19.

同治十一年（1872年），滇西起义失败，腾冲县内的清真寺被毁无遗，东门清真寺也未幸免于难，毁于战火。在滇西起义失败后，"城内幸存的回民也被迫分散到腾冲各地，而以前城内有六到七万回族人，发展到现在却只有八千多人"①。

东门清真寺在光绪二十五年（1899年）开始重建。据有关资料记载，当时"以设立清真义学禀呈原'腾越军民府'经准，重新划给腾越一保街（即现址）地基一块，并颁以执照为据，光绪三十年（1904年）竣工"②。

以下为关于东门清真寺的访谈资料：

> 城内的回民向当时的政府写申请批准以后，与玉泉清真寺（1904年4月）同时建起来。与原址相距100多米，但沿用了老名（东门）。
>
> 日本人1942年入侵腾冲后，东门清真寺在抗日战争期间再遭劫难，大殿的格子门全部被毁，一些柱子也被锯掉拴马，寺内的树上也留下了很多弹孔。
>
> 东门清真寺在20世纪50年代后逐渐修复使用。但"文化大革命"期间被生产队占用，东门清真寺的房屋基本被占用，被用作公房，东门清真寺的场地也被用来打谷子、晒谷子。当时阿訇被称作牛鬼蛇神，所有人都禁止参加宗教活动（礼拜），有些虔诚的回民只能偷偷地来东门清真寺扫出一片空地进行礼拜。"文化大革命"结束后，寺内的厢房还一直被生产队占用，后来才被寺管会陆续要回。1996年，东门清真寺大修过一次，这也是最近的一次维修。

---

① 访谈资料：访谈时间2016年4月16日；受访人为东门清真寺阿訇。
② 云南省民族宗教事务委员会网站. 东门清真寺［EB/OL］. 云南省民族宗教事务委员会网站，2017-05-26.

东门清真寺在1996年大修过，所以整体较新。礼拜大殿的木架构以及装修材料基本上是最近的一次大修中重换的（见图3-71）。但东门清真寺原来的一些有名人题写的匾额，如李根源①、赵钟奇②、张文光③等的题字（见图3-72），基本被保留了下来。此外，寺里还保留着一些以前使用过的古物，如经匣、桌帏、香炉、花瓶等（见图3-73、3-74）。

图3-71　腾冲东门清真寺礼拜大殿

图3-72　名人题字匾额

---

① 李根源，出生于云南省腾越厅（今梁河县）九保街，中国国民党元老，政治家、军事将领。他曾与蔡锷、唐继尧等革命派军人发动重九起义，成立云南军政府，并任云南军政府军政部长兼参议院议长。

② 赵钟奇，回族，云南凤仪（今大理）人，辛亥革命、护国运动将领，曾任云南讲武堂教官。

③ 张文光，云南腾越（今腾冲）县城五保街人，辛亥革命将领，曾任云南提督。

图 3-73　经匣及桌帏

图 3-74　香炉及花瓶

（2）玉泉清真寺

①玉泉清真寺的历史与现状

玉泉清真寺，因地处腾越镇观音塘社区，又称"观音塘清真寺"。

玉泉清真寺坐落于腾冲市（腾越镇）西玉泉河畔。明洪武二十五年（1392 年），沐英将军南征时在腾越所倡建的六座清真寺之一。清咸丰六年（1856 年），曾毁于兵祸。清光绪三十年（1904 年），再经清政府划地，由玉泉村穆斯林群众筹资重建。

抗日战争期间，腾冲被日寇占领，在收复腾冲的战火中，玉泉清真寺虽屡遭流弹损坏,但整体较为完整地保留了下来,幸免于难。

玉泉清真寺虽然屡经修缮,但其基本结构没有被改变,较完整地保留了清代的建筑结构和布局,仍然在整体上呈现为中国传统建筑风格。玉泉清真寺现共占地5118.7平方米,建筑面积1138.7平方米,分为宗教活动区、宗教教职员哈里发宿舍区和生活区三大院,还有殡仪室、水房等配套设施。

朝真堂(礼拜大殿),现为一层建筑。有18扇精雕细刻的格花门,枣红色门窗,金黄色八角形檐柱,殿门上方悬挂"清教东来"金色的匾额。

图3-75 玉泉清真寺礼拜大殿

大殿正前廊檐下前后两排悬挂抱柱长联一对和牌匾六方。长联为抱柱木质书刻,于清光绪三十四年(1908年)所作,联文如下:上联"清光大来列圣作述相承莫非牖民觉世显微阐幽统殊咸归正道",下联"真实无妄兆庶仪型不改总期正心修身克己复礼冀率土勿入歧途"。

两排牌匾分别为:前排是国民党元老、云贵监察使李根源先生题的

"坚韧卓绝"匾；清光绪三十三年（1907年），明映铨等二十五位穆斯林人制赠的"纯一不已"匾；玉泉清真寺管委会修复的"清教东来"匾。后排是民国二年（1913年）陆军少校腾龙边岸缉私管带佑下"杨国兴"题赠的"上格苍天"匾；腾冲伊斯兰教协会制赠的阿拉伯文匾；清光绪三十年（1904年），钦点河南籍武状元张凤鸣制赠的"道原于天"匾（见图3-76、3-77、3-78）。

图3-76　玉泉清真寺"纯一不已"及"上格苍天"匾额

图3-77　玉泉清真寺"清教东来"及"道原于天"匾额

　　玉泉清真寺的大门为塔楼式大门，宣礼楼与大门合二为一，上层为宣礼楼，下层为大门过厅。大门上方悬挂着"清真古寺"的匾额，左右两侧悬挂着木刻对联：清洁有源去欲存理，真实无妄蹈和履中。

图 3-78　玉泉清真寺"坚韧卓绝"匾额

图 3-79　玉泉清真寺大门

②玉泉清真寺的历史记忆

　　玉泉清真寺作为一种历史遗存，跨越时空而得以保留下来的不仅仅是一些建筑物，在这个具有传承作用的族群空间里，还有一些其他具有极高历史价值的物质（文物）同样被保留了下来。比如，玉泉清真寺珍藏至今的地契、经书（见图3-80、3-81）等。玉泉清真寺的建筑空间，因此沉淀着许多族群内部的历史记忆，是回族人的"记忆之所"（Nora，1989）——"不仅指地理意义上的场所或地点，而且指记忆得以储存、生成或得以寄托的一切物质与符号的物件"（黄顺铭，2017）。

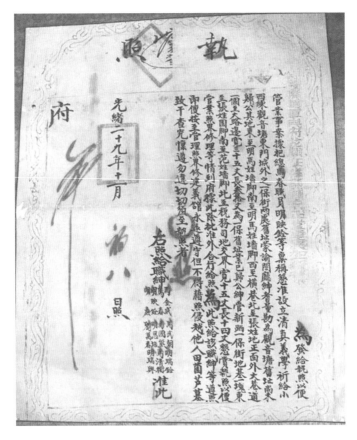

图3-80　光绪年间观音塘回族购买观音塘和东门清真寺土地的地契

图 3-81 玉泉清真寺古经书

图 3-82 玉泉清真寺曾使用过的钟表、火锅

第二节　进桑縻泠道沿线的回族建筑

一、玉溪通衢

（一）玉溪简介

玉溪市是云南省下辖的地级市，总面积1.49万平方千米。山地、峡谷盆地交错分布，南盘江、元江、绿汁江穿境而过，阳宗海、抚仙湖、星云湖、杞麓湖等高原湖泊密布其中。

玉溪特殊的地理条件（地处哀牢山区与横断山脉之间）和区位优势（位于云南省中部，北接昆明市，西南界普洱市，东南与红河州相邻，西北靠楚雄州），使玉溪成为从昆明南下的最便捷通道。它不仅在地理空间上承上启下，更因境内没有高山险隘的阻隔，自古以来也成了云南境内交通和对外交通的一条交通枢纽。

（二）通海概况

通海县是玉溪市下属的一个县，县城所在地秀山镇距省会昆明市125千米，距玉溪市政府所在地红塔区47千米。截至2016年，通海县下辖4镇3乡2个街道，常住总人口30.9万人，是云南省除昆明市区外的人口高密度区。①

通海县位于杞麓湖畔的湖积平原上，地貌主要由盆地和河谷构成，石灰岩山地围绕四周，东西最长39千米，南北最宽36.15千米，面积721平方千米。盆地区地势由西南向东北逐渐降低，坡度为3°～10°，海拔为

---

① 通海县人民政府网站. 通海县简介［EB/OL］. 通海县人民政府网站，2018-02-09.

1796～1820 米。通海这种平缓开阔的地理地势，加上水草丰美的杞麓湖坝区生态，使之在以山地为主的云贵高原上成为一种天然的交通要冲。

实际上，优越的地理环境、便捷的交通和丰富的物产，不仅使得通海在历史上成为南下北上，跨国至安南、天竺的交通要冲，还随着明代中后期经济繁荣，更成为滇南政治、经济、军事中心。正如通海县人民政府网对这一区位优势所介绍的：

> 汉代开"麓泠水道"①（即西南丝绸之路的一支）；唐代置"通海都督"，开设"通海城路"；宋代设秀山郡；元代建"都元帅府"，设临安路，统摄今红河、文山一带，直至越南；明代置"通海御"，戍兵屯田；清代，各种手工业兴起，成为滇南货物集散中枢，海外物资集散运转，商贸交易活跃而在云南著称。②

如今，通海在整个云南交通和经济建设中仍然发挥着重要的作用，不仅泛亚铁路、江通高速公路、弥玉楚高速公路穿境而过，还成为昆河经济走廊的重要节点和面向东南亚的滇中商贸物流枢纽。

（三）纳家营清真寺

1. 纳古镇简介

纳古镇位于通海县西北部，离县城约 12 千米，依山傍水，背靠狮子山，面临杞麓湖，是云南省著名的"侨乡"和"手工业之乡"。全镇由纳家营、古城、三家村 3 个自然村组成，人口 9350 人；其中回族人口 7724人，占总人口的 82.61%，是一个以回族为主体，由汉族、彝族、哈尼族、白族、壮族等多个民族组成的乡镇。纳古镇原为四街镇的一个村公所，

---

① 即"进桑糜泠道"。
② 通海县人民政府网站. 通海县简介［EB/OL］. 通海县人民政府网站，2018-02-09.

1988 年经省人民政府批准建立纳古回族乡，1997 年撤乡建镇。

纳古镇历史悠久，源远流长。1290 年，纳数鲁（系元代著名回族政治家、云南省首任平章政事赛典赤·赡思丁长子纳速拉丁的孙子）出任元江临安广西都元帅府①元帅，其随军家属几经迁徙，最后定居于纳古镇。

据现保存于纳家营清真女寺（老寺）的《清真寺常住碑记》（乾隆三十二年，即 1767 年农历七月二十六日所立）记载，纳数鲁父子于明初洪武三年（1370 年）定居纳古镇，并于同年开始修建纳家营清真寺。这是最早的纳数鲁定居纳家营并建清真寺的记载。正是因为纳古镇是纳数鲁建立的古老村落，这里的回族人都以"赛典赤·赡思丁"的后裔自居。

纳古人自古就有经商和从事手工业的传统。

> 七百余年来，纳古人农工商多业并举。元、明两代，手工业主要有军用马具；清代有火药枪、民用刀具；民国时期有手工仿造的拉七、左轮、二十响等手枪，以及双筒、毛瑟等各种步枪和子弹，还能仿造轻机枪，有"小兵工厂"之称。清代和民国时期，有 15% 左右的人家赶马经商，长年往来于中缅、中泰之间，发展国际贸易交流。②

在改革开放以后更是不断发挥这种特长，大力发展建筑建材、运输业、手工业和清真食品加工业，推动了全镇私营经济的长足发展。正是得益于私营经济的壮大，纳古人于 2004 年集资 2000 多万元（主要来源

---

① 元朝政府设立在滇南的最高军政机关，帅府在今通海县河西镇以北的曲陀关村委会。
② 中国回族学网. 纳古镇［EB/OL］. 中国回族学网，2016-09-15.

于当地企业和个人的捐助）建成了建筑面积达 10580 平方米的纳家营清真寺。

在着力发展经济的同时，纳古人还非常重视教育，使纳古镇文化氛围浓厚，人才辈出。例如，文化名人纳忠（享誉中外的阿拉伯文化泰斗、联合国教科文组织首届阿拉伯文化沙迦国际奖获得者）和纳训（《一千零一夜》的译者、著名翻译家）都是纳古人。此外，据统计，纳古镇在各个时代还培养出了将军、举人、进士 30 余人。

2. 纳古镇的回族建筑

纳古镇有三座老清真寺，分别是纳家营清真寺（女寺）、纳家营古城清真寺和纳家营古城新寨清真寺。其中纳家营清真寺历史最悠久，不仅是当地数千回民日常礼拜的场所，也是他们举办节庆、仪式、聚会、教育等活动的主要空间。

（1）纳家营清真寺

纳家营清真寺，包括新寺和女寺两部分。如前所述，纳家营清真寺女寺（老寺）始建于乾隆三十二年（1767 年），为土木结构。600 余年来，纳家营清真寺几经扩建，至 2001 年再次扩建以前，占地面积约有 10000 平方米，建筑面积约 6000 平方米，其中纳家营清真女寺（老寺）约 3000 平方米。

纳家营清真寺的新寺（又称纳家营大清真寺，见图 3-83），是在纳家营清真女寺的原址上建盖的。2001 年，由民间集资 3000 多万元开始建盖，2004 年建成，建筑面积约 10000 平方米。整栋建筑为四层楼，三楼一底。作为主体的礼拜大殿在二楼，为穹顶式建筑，纵深 50 米，建筑面积 1224 平方米，可同时容纳 1600 多人做礼拜。大殿四周分布四座宣礼塔，塔高 72.4 米。

图 3-83　纳家营清真寺新礼拜大殿

图 3-84　纳家营清真寺大门

在建设新寺的同时，纳家营清真女寺的礼拜大殿并没有像其他地方一样，直接被拆除丢弃。纳家营寺管会用纳家营清真女寺的礼拜大殿拆下来的材料，修旧如旧，在原址东面250米的地方重建了礼拜大殿，并将其改为可同时容纳几百人做礼拜的纳家营清真女寺。

纳家营清真寺的历史可以追溯到元代纳氏祖先随军迁居到此处的时间，此后几经改造、扩建，逐渐形成规模。而搬迁前的纳家营清真女寺，普遍被认为是明末清初的建筑遗存。现在的纳家营清真女寺（老寺）由礼拜大殿和南北厢房组成。除礼拜大殿外，两侧厢房均为现代建筑。

礼拜大殿为中国传统古典建筑，面阔五开间，进深四间，面积215平方米，可容纳200多人同时做礼拜。礼拜大殿由前廊和殿身两部分组成，前廊为卷棚式，外侧设美人靠，供人休息驻足。殿身侧面"下碱"① 是块石砌筑，上身则用砖砌至椽子②。为保证殿内良好的采光，殿身两侧还各设有一个圆形的格子窗。礼拜大殿屋顶为单檐歇山式，正脊用空心花装饰，并在其间的实心垄墙上用伊斯兰书法绘有"清真言"的上半部分——"万物非主，唯有真主"（为呼应正面的内容，在背面垄墙上则绘有"清真言"的下半部分——"穆罕默德，是主使者"）（见图3-85）。

礼拜大殿前廊正上方挂有"清真女寺"匾额，而在其后方的殿门之上则是白崇禧题字的"兴教建国"牌匾（见图3-86）。礼拜大殿较为独特之处在于殿中没有窑殿，仅在后面（西面）的墙壁中部绘制了"米哈拉布"的伊斯兰书法纹样（见图3-87）。此外，与雕梁画栋、金碧辉煌的前廊相比，殿内相对朴素，以更醒目的经文书法纹饰为主（见图3-88）。

---

① 下碱就是山墙下面的一段，大概占山墙的三分之一。下碱部分通常会砌筑得厚于上部的山墙段，这样有利于增强建筑的稳定性。

② 椽子是屋面基层的最底层构件，垂直安放在檩木之上。屋面基层是承接屋面瓦作的木基础层，它由椽子、望板、飞椽、连檐、瓦口等构件所组成。

图 3-85　纳家营清真女寺礼拜大殿

图 3-86　纳家营清真女寺礼拜大殿的前廊、匾额及格子门

图 3-87 纳家营清真女寺礼拜大殿的米哈拉布

图 3-88 纳家营清真女寺礼拜大殿内的经文纹饰

（2）古碑

《清真寺常住碑记》碑：

《清真寺常住碑记》碑，立于乾隆三十二年（1767 年）农历七月二十六日，现保存于纳家营清真女寺（老寺）前廊左侧山墙。该碑为青石材质，高 150 厘米，宽 58 厘米，竖书楷体字 24 行，每行 55 字。碑的上部为圆弧形，下部为矩形，碑文由"序"和"常住田粮"两部分组成。《清真寺常住碑记》记载了纳数鲁父子于明初洪武三年（1370 年）定居纳古镇，并于同年开始修建纳家营清真寺的史实，这是关于纳家营清真寺和纳家营村最珍贵的史料。

《圣旨荣封》碑：

《圣旨荣封》碑，上半部分宽 90 厘米，高 102 厘米，记载了赛典赤·纳速拉丁之孙纳速鲁于元朝封为临安元江宣慰司都元帅的事迹；下半部分现已遗失，"记有自咸阳王赛典赤老祖以来 500 多年共 22 代之宗谱世系"（金少萍，1991）。石碑在"文化大革命"期间被毁，现仅残留着一片刻有"圣旨荣封"的碑头，存于纳家营清真寺内。该碑是研究回族家谱和宗族制度的重要史料。

（四）小回村清真寺

小回村清真寺位于云南省玉溪市通海县河西镇小回村。河西镇与纳古镇一样，都是通海县的主要回族聚居地区。河西镇辖区内共有 15 个村民委员会，其中 3 个回族村委会，包括小回村、下回村和大回村。

小回村是通海县河西镇的一个行政村，地处河西镇北面，距河西镇政府所在地 5 千米，距通海县城 17 千米。小回村现有人口 1308 人，其中回族 1299 人，占比 99.3%，是一个以回族为主的村子。

小回村清真寺也分成新寺和老寺两个部分，新寺是在老寺的原址上建设的。小回村清真寺（老寺），始建于清嘉庆年间，中华人民共和国成立

图 3-89 清真寺常住碑记

后，曾几经修建。1970 年，通海发生大地震①，小回村清真寺遭到严重损
毁，礼拜大殿发生倾斜下陷。1972 年，在进行灾后生产自救的同时，村民
组织力量对小回村清真寺进行了修建。"文化大革命"期间，小回村清真
寺内的厢房、礼拜大殿等建筑被占用为仓库，厢房、月台、宣讲台等受到

---

① 通海大地震发生于 1970 年 1 月 5 日 1 时，震级 7.7 级，最大烈度达 10 度；震源深
度 11 千米，震中位于中国云南省通海县、峨山之间。此次地震造成 15621 人死亡，
受伤人数超过 32431 人，是中华人民共和国成立以来第三次大地震。

不同程度的损坏。"文化大革命"结束，小回村清真寺被归还后，村民自筹资金对小回村清真寺进行了维修和扩建（1975 年修 1 次，1979 年修 1 次）。1983 年，又对礼拜大殿进行了扩建。

2005 年，因老寺已经满足不了本村人做礼拜的需求（老寺仅够两三百人同时做礼拜），而进行拆迁重建。在拆除老寺的同时，寺管会购买了老寺周边几家住户的地皮，新寺的占地面积与老寺相比，实际上扩大了很多。新寺于 2006 年建成，占地面积 2 亩多，包括礼拜大殿、教室、教长室、沐浴室、厨房等建筑（见图 3-90）。

图 3-90　小回村清真寺新礼拜大殿

老寺在拆除之后，其（尤其老礼拜大殿）建筑材料并没有被丢弃，而是用这些材料按照原样重建了礼拜大殿，改为"女寺"。女寺位于原址的右前方，连同位于小回村清真寺正前方的空地广场，都是小回村清真寺的地产。

他们认为老礼拜大殿是文物，不能轻易拆掉丢弃，因此就花费更多的资金和精力，将老礼拜大殿易址重建。重建之后，改为"女寺"。格子门、梁柱、雕花、窑殿中的凹壁（"文化大革命"期间，花被敲掉了几朵）都是老寺的。

图 3-91　珍藏于女寺的明洪武年御书至圣百字赞匾额

图 3-92　珍藏于女寺的原老寺匾额

131

二、红河古道

（一）红河简介

红河哈尼族彝族自治州，简称红河州，其名称来源于一条横贯全境的河流——红河。红河，又名元江、珥河，为中越跨境水系，也是越南北部最大的河流。由于流域多红色沙页岩地层，水呈红色，故称"红河"。红河全长 1280 千米，越南境内长 508 千米，流域面积 75700 平方千米；中国境内长 627 千米，流域面积 76276 平方千米。在中国境内有干流红河（元江）及其最大支流李仙江（把边江），二江在越南境内越池市汇合，之后经越南首都河内及北部湾流入南海。①

红河州位于云南省南部，西界普洱市，北达玉溪市、昆明市，东北邻曲靖市，东邻文山州，南与越南接壤。以红河为界，以北为滇中高原盆地区，以南为横断山脉和哀牢山峡谷地带。红河、南盘江、甸溪河、藤条江、李仙江等流经境内。全州总面积 3.22 万平方千米，人口 465 万，汉族人口比例约 43%，哈尼族和彝族人口比例分别约 18% 和 23%，自治州首府驻蒙自市。

根据 2010 年第六次全国人口普查，全州常住人口为 450.1 万人。常住人口中，汉族人口为 192.86 万人，占总人口的 42.8%；各少数民族人口为 257.23 万人，占总人口的 57.2%。其中回族人口 74767 人，占总人口的 1.66%，占少数民族总人口的 2.91%（云南省人口普查办公室，2012）。

（二）建水

1. 建水简介

建水县位于云南省南部，红河中游北岸。县境东接弥勒市、开远市和

---

① 维基百科. 红河 [R/OL]. 维基百科网站，2017-09-14.

个旧市，南隔红河与元阳县相望，西邻石屏县，北与通海县、华宁县相连。全县总面积 3782 平方千米，辖临安、曲江、南庄、西庄、官厅、面甸、青龙、岔科 8 个镇及普雄、坡头、李浩寨、盘江、利民、甸尾 6 个乡。县城海拔 1324 千米，距省会昆明 198 千米，距州府蒙自 88 千米。

2016 年末，全县常住人口 54.98 万人。其中，城镇人口 26.12 万人，占 47.5%；乡村人口 28.86 万人，占 52.5%。全县有彝、回、哈尼、傣、苗等少数民族人口 22.25 万人，占总人口的 41.1%（国家统计局云南调查总队，2017）。建水县城有回族 50 余户，300 余人。

2. 燃灯街清真寺（老寺）

建水燃灯街清真寺，位于县城东北的燃灯街，大门悬挂"清真古寺"木匾。"全寺占地面积 2.7 亩，建筑总面积约 1600 平方米，为云南建筑年代最早的清真寺之一，属县级文物保护单位。清末著名阿訇马福兴曾在寺内兴办经堂教育。20 世纪 80 年代，古建筑进行保护性修缮，又另建礼拜殿、教务楼等。"（马建钊，2015）

"建水县城区清真寺（老寺）始建于元代皇庆年间（约 1312—1313 年），距今已有 700 多年的历史，是云南建筑年代最早，迄今最古老的清真寺之一。"[1] 燃灯街清真寺于清康熙、雍正、乾隆等年间（1662—1795 年）数次维修扩充，清康熙四十九年（1710 年）建大门厅房，雍正八年（1730 年）重建下殿，乾隆二十七年（1762 年）再次续修扩建，形成较大规模。

自 2007 年开始，燃灯街清真寺管会决定以"修旧如旧，恢复历史建筑风貌"为主要规划，对燃灯街清真寺进行保护修复。至今已投资 850 余万元完成一期、二期保护修复工程，先后修复了南北厢房、前后大门、天

---

[1] 建水城区清真寺宣传折页。

井和主大殿等，燃灯街清真寺已基本恢复古代历史建筑风格和规模。①

现存主要建筑有正殿、对厅、厢房、配殿厨房、月宫房等。寺院为四合庭院布局，具有中国宫殿式古典建筑特点。后殿配有 18 扇穿花屏门，工艺精巧，为建水县 25 座清真寺建筑之冠。正殿曾几经兵祸，屡毁屡建；对厅仍为元代旧物。寺内现存石碑 6 块，均记有伊斯兰教活动和历次修寺的史实。其中有乾隆十八年（1753 年）所立的《重修清真寺并常住碑记》和乾隆二十七年（1762 年）所立的《清真寺灯油碑记》石碑两通，记载了该寺自兴建以来当地穆斯林宗教生活及清真寺管理等情况。

礼拜大殿坐西朝东，为单檐歇山顶，抬梁式屋架，卷棚式前檐，建筑面积 169 平方米。正殿门顶中央有"于穆不已""真理为极"匾〔清云南临元镇总兵官马柱于光绪二十八年（1902 年）书赠〕，殿门中央两柱垂挂有"尊主命立行五功，守教规享受乐园"楹联（见图 3-93）。元代初建的前殿（对厅）为单檐，五架梁，歇山简化式屋顶，面阔三间，虽屡有修复，但现仍破损不堪，面目全非（见图 3-94）。

图 3-93　燃灯街清真寺礼拜大殿

---

①　云南民族网. 建水清真寺［EB/OL］. 云南民族网站，2016-05-04.

图 3-94　元代初建的燃灯街清真寺前殿（对厅）

图 3-95　燃灯街清真寺礼拜大殿的巨石基座

3. 建水城区清真寺（新寺）

建水城区清真寺位于建水县临安镇迎晖路。2007 年，考虑到老寺的承载能力和古建筑保护的需要，县委、县政府批准建水城区清真寺异地新建，即现在的建水城区清真寺（新寺）。

现已完成南北厢房、前后大门、天井和主大殿的建设，正在进行三期工程。建水城区清真寺占地面积 11 亩，整个建筑采用了当地青砖、青瓦、青石及外地珍贵木材，陡脊飞檐、雕梁画栋，装饰融入了伊斯兰教文化和儒家文化，是清真寺古典式建筑的精品，在云南具有较高的知名度。建水城区清真寺已被县内及周边地区 4 所清真寺作为样本，起到了良好的示范作用。①

图 3-96　建水城区清真寺大门

2012 年，经主管部门批准，建水城区清真寺开始修建伊斯兰教经文学校。以中国殿堂式建筑风格为主，其雕刻设计和装饰中融合了伊斯兰文化

---

① 建水城区清真寺宣传折页。

和儒家文化。现已投资3300万余元，修建了大门、大殿、天井、照壁、教学楼、图书室等工程。①

图 3-97　建水城区清真寺礼拜大殿

图 3-98　建水城区清真寺礼拜大殿内景

①　云南民族网. 建水清真寺［EB/OL］. 云南民族网站，2016-05-04.

建水的燃灯街清真寺（老寺）与城区清真寺（新寺）为一套清真寺管委会。管委会设主任1名，副主任3名，委员5人。主要负责清真寺内部管理和对外协调沟通联系工作。有宗教教职人员9人，主要负责清真寺内宗教活动及城区教务事务等。

（三）沙甸

1. 沙甸简介

沙甸地处个旧、开远、蒙自、建水四市县的交会中心，通往四市县的公路和铁路都在这里交会，蒙（自）宝（秀）铁路、323国道经区境南缘，昆（明）河（口）公路穿境。南距个旧20千米，北距开远26千米，东距蒙自24千米，西距建水52千米。① 地理区位优势非常显著。

沙甸是个旧市下辖的一个（乡镇级）行政区，是云南著名的回族聚居区。1984年设区建乡至今为个旧市政府派出机构，下辖沙甸回族乡、新沙甸回族乡、金川回族乡、冲坡哨彝族乡4个乡，共11个自然村，30个生产队。全区总面积27.5平方千米，户籍总人口16195人，居住着回、彝、苗、壮、汉等10个民族，其中回族占总人口的92%。现有1所完全中学，4所小学，1所中等阿拉伯语学校，10所清真寺。②

沙甸古代属畹町辖地。元、明、清为临安（建水）路、府所辖。沙甸村民围清真寺而居，以原来的大清真寺为界，以西称西营，以东称东营，临河称川营。甸、营称谓明显反映了元、明时期军屯特征的痕迹。村子由西向东逐步延伸，由沙甸河以北向河以南不断拓展，形成了目前的沙甸乡、金川乡、新沙甸乡的村庄格局。西营、东营、川营组成了沙甸乡，又称老沙甸。东营之东的金鸡寨、凤尾村、川方寨组成金川乡。沙甸河以南

---

① 云南数字乡村网. 沙甸 ［EB/OL］. 云南数字乡村网站，2007-12-18.
② 资料来源：沙甸鱼峰书院宣传板。

的团坡头、白房子、莲花塘组成新沙甸乡。①

2. 沙甸清真寺

沙甸清真寺又名沙甸清真大寺（老寺），是中国百座著名的清真寺之一。据清康熙六十一年（1722年）《沙甸清真寺捐资置田碑记》记载，沙甸清真寺始建于1503年前后，清乾隆二十八年（1763年）扩建。后毁于"文化大革命"时期的"沙甸事件"。

沙甸清真寺为中国宫廷式建筑，由礼拜大殿、南北两耳房、宣礼楼、东天房、水房和大门等建筑物构成（见图3-99、3-100）。礼拜大殿为八柱顶立、架高面广，脊高7米，宽30余米，进深20米，装饰精美，工艺精湛。礼拜大殿之外有小殿，两殿之间有12扇格子门，门为三层浮雕，雕有苍松翠柏、山川湖泊，图案逼真，雕刻细腻。雕花格门正上方悬挂一块大匾，上书"造化之源"，金粉楷书，苍劲有力，出自清乾隆年间举人王殿甲手笔。礼拜大殿前的柱子和花格门的门方上有对联10余副。②

图3-99　沙甸清真大寺（老寺）③

① 资料来源：沙甸鱼峰书院宣传板。
② 作者佚名. 沙甸大清真寺 [EB/OL]. 中穆网，2018-03-21.
③ 作者佚名. 沙甸大清真寺图册 [EB/OL]. 中穆网，2018-03-21.

宣礼楼位居院中偏东，占地面积 128 平方米，是典型的中国式楼亭建筑，高三层 20 余米，为全木结构，六柱夹壁，六面塔状，飞檐尖顶，琉璃瓦面。底层高于天井，东西两面为通道，分别有石阶 4 级，其余 4 面为厚墙，外表用砖镶砌。三楼挂一钟，击钟报时，召人礼拜，若遇火情、匪情等，敲急钟报警。宣礼楼悬匾一块，上书"醒梦楼"三个大字。大门面南，位于宣礼楼和东天房中线之南。为一独立建筑，地基高，石阶而上、而下，两扇厚红春木门；两旁有两尊卧石狮，门头上雕有二龙相对图，龙图之上悬挂一块大匾，上书"清真寺"，金粉楷书，遒劲秀丽。① （见图 3-100）

图 3-100　沙甸清真大寺（老寺）的宣礼楼和大门②

---

① 作者佚名. 沙甸大清真寺［EB/OL］. 中穆网，2018-03-21.
② 图片来源：沙甸鱼峰书院宣传板。

沙甸清真大寺（新寺）于 1978 年由政府拨款和群众筹资新建，2005年又进行了开工扩建，新扩建的沙甸大清真寺沿中轴线左右对称，由和谐广场、大殿、四个宣礼塔、讲经堂组成。沙甸清真大寺（新寺）占地面积约 60000 平方米，建筑面积 17708.87 平方米，其中大殿面积为 3000 平方米，两个附殿分别为 900 平方米，可容纳 10000 人同时做礼拜，四个宣礼塔高 93 米。①沙甸清真大寺（新寺）为阿拉伯建筑风格（见图 3-101）。

图 3-101　沙甸清真大寺（新寺）

3. 鱼峰书院

鱼峰书院是鱼峰小学的老校址。鱼峰小学创办于清光绪十八年（1892

---

①　作者佚名. 沙甸大清真寺［EB/OL］. 中穆网，2018-03-21.

图 3-102　鱼峰书院的原大门（保存完好）

年)，至今已有 120 多年的悠久历史了。1923 年，沙甸回民白亮诚①、白起成等人率领村民捐资助学，把金姓赠送的旧房拆除，新建教学楼，学校规模设施和办学条件在当时乡村办学中实属罕见。20 世纪 30 年代，我国选送到埃及留学的马坚、林赓虞、林兴智、林仲明、张子仁等及《茶花

---

① 白良诚（1893—1965 年），名耀明，字亮诚。清末名将白金柱第三子，自幼受到良好教育，学习四书五经、诸子百家，积累了深厚的汉文化底蕴，同时潜心学习研究阿拉伯语和伊斯兰教知识文化。他思想开拓进取，致力于回族文化发展、民族团结进步和经济繁荣，为经堂教育改革、文化事业发展、新型人才培养和云南茶叶走向世界做出了巨大贡献。他是沙甸鱼峰书院创始人，首任校长、校董，近代沙甸文化的奠基者、回族实业家、教育家、学者。有五部著作传世，曾创办《清真铎报》。

女》翻译者夏康农、历史学家白寿彝都曾在鱼峰小学就读或任教。在122
年的办学历史中，鱼峰小学培养了数万名毕业生。

图3-103 一号院房屋（两层九间，现为图书馆）

图3-104 房梁上的建房时间

1950 年 1 月 17 日沙甸解放，学校由政府接管。1987 年，为了满足教育教学的需求，鱼峰小学搬入新校区。2009 年，鱼峰小学被列为"市级文物保护单位"，沙甸区委员会区公所出资 400 余万元，对老鱼峰小学进行动工修缮，并改名为"鱼峰书院"。修缮后的鱼峰书院分为一号院和二号院，一号院为红河州图书馆沙甸分馆，面积为 319.5 平方米（见图 3-103）；二号院为沙甸村史馆，面积为 481.26 平方米（见图 3-105）。

图 3-105　二号院房屋（两层十一间，现为村史馆）

（四）大庄

1. 开远市和大庄乡概况

开远市位于云南省东南部、红河州中东部。地处红河、南盘江两大断层之间。东接文山州丘北、砚山两县，南靠个旧市和蒙自市，西临建水县，北接弥勒市。距省会昆明 210 千米，距州府蒙自 48 千米，距边境口岸河口 240 千米。辖区总面积 1948.2 平方千米，其中山区 1405 平方千米，占总面积的 72%。辖灵泉、乐白道 2 个街道办事处，小龙潭、中和营 2 个镇，羊街、大庄、碑格 3 个乡。2016 年末，全市总人口 33.41 万人。其中，城镇人口 24.54 万人，占总人口的 73.46%。境内居住着汉、彝、苗、回、壮等 33 个民族，少数民族人口 16.98 万人，占 59.4%。（国家统计局云南调查总队，2017）

开远市境内有南盘江、泸江、南洞河等大小河流 12 条，323 国道、326 国道在境内交会，昆河公路、石蒙高速穿境而过。此外，昆明至越南河内的"滇越（国际）铁路"① 也途经开远（经开远的滇越铁路，北起小龙潭灯笼山，南至羊街与蒙自草坝接壤处，全长 59 千米），并与贵昆、成昆和南昆铁路接轨。因此，交通运输十分便利，成为云南通往东南亚的陆上重要通道。早在清朝末年，就有了"旱码头"和"滇南商埠"之誉。而自 20 世纪以来，随着"个（旧）、开（远）、蒙（自）群落城市"建设的加快，开远市更是奠定了其滇南交通枢纽和人流、物流重镇的地位。

大庄回族乡是红河哈尼族彝族自治州 9 个民族乡中唯一的一个回族乡，因外出经商而定居海外的人较多（全乡有旅居缅甸、泰国、马来西亚、沙特阿拉伯等国的华侨 60 余人），而成为有名的"侨乡"。

---

① 滇越铁路建于 1903—1910 年，是由法国人设计并雇佣中国劳工修筑的铁路，也是中国最长的一条窄轨铁路。线路自昆明北站向东引出，过水晶波站折向正南，经宜良、开远、蚂蝗堡到河口入越南。滇越铁路全线分南北两大段。南段在越南境内，称"越段"，长 389 千米；北段在中国境内，自老街（越南老街省省会）跨越红河进入河口，经碧色寨到昆明，称"滇段"，长 469 千米。滇越铁路全线共设有 34 个车站，分别为一、二、三等站，开远为全线唯一的一个二等站，地位仅次于一等站的昆明。

大庄乡位于开远市中南部，东连碑格乡，南接羊街乡，北与中和营镇相连，总面积103.7平方千米。辖大庄、龙潭、桃树、老寨4个村委会，总人口18197人，少数民族以回、彝、苗、壮为主，占总人口的74.5%。回族人口占总人口的34.5%。①

大庄乡交通便利，滇越铁路（昆明至越南）、昆河公路（昆明至河口）从大庄坝子横贯而过。乡内目前有个体私营的大中小客货车1500余辆，客货运输遍及周边省市。而正在兴建之中的具有浓郁的伊斯兰民族风情的大庄新集镇将为大庄增添一道亮丽的风景。

2. 一座清真寺，半部大庄史：大庄清真寺概况

大庄清真寺位于云南省开远市大庄乡大庄街南端，始建于明朝万历年间，清乾隆六年（1741年）再建，清嘉庆十七年（1812年）择地重建。我们现在看到的建筑，基本上属于清朝的遗迹。

大庄清真寺整体占地9450平方米，建筑面积4179平方米。大庄清真寺由正殿、叫拜楼、前厅、书馆、水房、教长室、大门等建筑组成。正殿、两厢、叫拜楼、前厅依次自西向东沿中轴线排列，而书馆、大门另依次自北向南沿中轴线分布——这种双轴线的布局在云南清真寺中实属罕见（见图3-106）。

1983年，大庄清真寺被列为"市级文物保护单位"，1998年，被公布为"云南省文物保护单位"。2015年，大庄清真寺与个旧市宝华佛寺、石屏县城区基督教堂、弥勒市大云天主教堂、建水县城区清真寺一同，被云南省民族宗教委员会命名为"云南省和谐寺观教堂"。

寺内立于清嘉庆二十二年（1817年）的《小会功德碑》记述了当地回民捐资重修大庄清真寺的情况：

---

① 资料来源：大庄清真寺宣传栏。

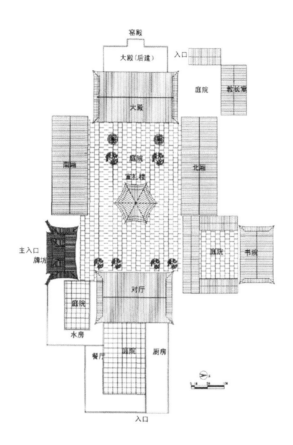

图 3-106 大庄清真寺总平面图①

二十六人，各出分金，共值善职。自是平地覆而簧山，有愿管理清而染指无人。数年来细流漫积，非曰沧海可云小补。嘉庆十七年（1812 年），建寺大殿以及两广，捐功德银一百两。寺已落成，延聘管师，以启后学，近此悦矣，远此不司，则学堂尚未充实。会中人酌议复捐银一百五十两，置租十三石，以作远处念经供给之费，契书交付掌教收执。

---

① 余穆谛. 云南清真寺建筑及文化研究 [D]. 昆明：昆明理工大学，2008：36.

抗日战争时期，寺内先后开设"中阿新民学校""私立明德中学开远分校"，成为大庄现代教育的摇篮。

（1）大殿

大庄清真寺大殿建于嘉庆十七年（1812 年），为单檐歇山顶七架梁结构。1990 年，为满足做礼拜人数增长的需求，在原窑殿后增建了二进深混凝土结构的用房，原大殿的前廊和殿身予以保留（见图 3-107）。前廊卷棚，架梁用翼形"斗拱"托起，两侧立有石碑数座。殿身面阔五开间 20.7 米，进深四间 13.8 米。大殿正面檐下施清式斗拱，面额枋下施雀替，雀件上雕有飞龙（见图 2-1）。大殿明间和次间各六扇格子门，稍间四扇格子门。大殿正檐下挂有三面匾额，分别是四川提督马维麒题字〔光绪十一年

图 3-107　明德中学旧址

（1885 年）］："无微不照"；武举人马定邦题字［道光二十四年（1844
年）］："化育万物"；胥耀宗题字［道光三年（1823 年）］："於穆不
已"。屋顶正脊中部宝顶采用葫芦顶，正脊用空心花饰。

图 3-108　大庄清真寺礼拜大殿

殿内西墙上有高 2 米宽 1 米的圆形拱形浅窑，标志着礼拜的方向，浅
窑内彩绘浮雕经文。北侧有一座 1.7 米高的小楼梯，作为举行聚礼、会礼
时宣讲虎图拜（演讲）的讲台。

寺内的《好善乐施》碑［清嘉庆二十二年（1817 年）十月二十七日
临安府学生员沙珍题书］有明确的记载："嘉庆十七年（1812 年）建寺大
殿以及两庑（wǔ），捐功德银壹百两，寺已落成，延聘管师以启后学。近
者悦矣，远者不舟。"

（2）宣礼楼（醒梦楼）

宣礼楼，又称"醒梦楼"，建于清道光十五年（1835 年），为三重檐
攒尖六角顶结构，通高 16.21 米。宣礼楼单独成栋，六角平面。正立面和
背立面一层分别开有两扇门，两侧各有两扇方形格子窗，其余面用砖墙砌

图3-109　好善乐施碑

筑至椽子底。面额枋下施挂落①，厦檐围脊与二层厦额枋之间每边设方形六扇格子窗。二层厦檐围脊与三层面额枋之间同样每边设方形六扇格子窗。平板枋上施翼形斗棋②，屋顶六角攒尖，气势雄伟壮观。

　　第三重檐上挂有"醒梦楼"的匾额，第二重檐上则挂有"清真盖天下"的匾额，一楼门厅两侧书写着对联：平地起高楼直透九重仙府，半天喧宝训唤醒一邑迷人。

---

　①　挂落是中国传统建筑中额枋下的一种构件，常用镂空的木格或雕花板做成，也可由细小的木条搭接而成，用作装饰或同时划分室内空间。

　②　斗棋又称斗拱，中国古代建筑独特的构件。其中方形木块叫斗，弓形短木叫拱，斜置长木叫昂，总称为斗拱，是一个完整体系，一般置于柱头和额枋、屋面之间，用以支承荷载梁架、挑出屋檐，并具有装饰作用。

图 3-110 大庄清真寺宣礼楼

寺内的《大庄清真寺建叫拜楼碑》① 对宣礼楼的建造捐助过程有详细的记载：

吾教之有清真寺也，必建一阁焉。

阁也者，造化之所由来也。夫教以认主之道，按五时以朝参。惟恐人愚昧不知，而指与造化之源也。因而众心一举，欣欣然三十人约状元瑽（còng）一个，积银贰百捌拾余两。后有林君

① 选自内部资料：《开远碑刻》，曹定安编，2016 年出版。

可望、马君鹏举自办赈东，约赈一个，捐银壹百伍拾两。又积银壹百零五两，典得田一分，为因彩画教拜阁（笔者注：应为"叫拜阁"），转典银七十五两使用。

大清道光十五年（1835年）岁次乙未四月十二日　合乡众亲全建立

（3）大门

清真寺大门形似牌坊，为四柱三间三楼牌楼，外侧带八字形砖砌影壁，影壁上绘制水墨山水画，是典型的中国庙宇式建筑。

大门的主楼面额枋下施有龙形雀替，次楼面额枋上施斗拱，平身三攒。大门屋顶形式变化丰富多样，主楼是歇山屋顶，出檐尺寸较大，体态轻盈，次楼为半歇山屋顶，次楼下各分设一八边形格子窗。门前两侧的麒麟石雕（见图3-111）雄姿逼真，麒麟脚下各有精湛的龙凤石雕，主楼下的两扇大门上分别刻着"存诚""主敬"四个大字。门头有二龙戏珠的木雕，中间有"清真寺"金字匾额，拱门顶上饰以古体金字"古兰经"浮雕。

图3-111　大庄清真寺大门两侧的麒麟石雕

（五）蒙自

1. 蒙自简介

蒙自是红河州州府驻地，位于云南省东南部、红河哈尼族彝族自治州东部，地处珠江与红河分水岭两侧，北回归线横贯县境。东邻文山壮族苗族自治州，南接屏边县，西连个旧市，北与开远市接壤。距省会昆明289千米，距国家一类口岸河口168千米。

蒙自全市总面积2228平方千米，蒙自市所在的蒙自坝子占蒙自市国土面积的24%，是云南省六大坝子之一，也是红河州乃至滇南最大坝子。蒙自市可耕地有110.45万亩，人均3.34亩。截至2016年末，全市总人口40.57万人。其中，乡村人口19.97万人，占总人口的49.21%；少数民族人口24.50万人，占总人口的60.37%。（国家统计局云南调查总队，2017）

蒙自区位优越，是中国西南内陆通向中南半岛地区的咽喉，处于辐射国内西南地区和东南亚国家两大"扇面"的交会点和昆（明）河（内）国际经济走廊的中心节点，滇越铁路、国道G326（蒙自—开远—弥勒—昆明）、国道G323（蒙自—建水—石屏—扬武）和在建的泛亚铁路东线（昆明—新加坡）、国道G8011（开远—河口）高速公路均穿越蒙自。（蒙自市地方志编纂委员会编，2014：1）

（1）历史沿革

西汉元封二年（公元前109年），置贲古县，属益州郡所辖24县之一。元宪宗七年（1257年），置蒙自千户，属阿僰万户。至元十三年（1276年），改置蒙自县，县名沿用至今，隶属临安广西元江宣慰司临安路。明为蒙自县，隶属临安府。

乾隆三十一年（1766年）10月，临安府属迤南道；中法战争（1883—1885年）结束后，光绪十三年（1887年）10月，为适应对外通商需要，清廷与法国在北京签订《中法续议商务专条》，指定开广西龙州和云南蒙自为通商处所，蒙自成为中法之间的"约开商埠"。同年，清廷在蒙自设分巡临安开广道，下辖临安府（今建水县一带）、开化府和广南府（均属今文山州一带），兼管即将正式开关的蒙自海关关务。因此，蒙自成为云南近代史上的滇东南军事、政治中心。光绪十五年（1889年），蒙自海关落成并正式开关，这是近代云南第一个海关，也是近代中国二十一大海关之一。

1950年1月16日，蒙自解放，蒙自县人民政府隶蒙自专区，专区行政公署驻蒙自。1958年7月，红河州人民委员会由蒙自县迁往个旧市。2003年1月29日，国务院批复同意将红河州政府驻地由个旧市迁移至蒙自县。2010年9月10日，经国务院批准，民政部批复，撤销蒙自县，设立蒙自市。

（2）回族历史

回族人成规模地迁入蒙自城区，大约在清朝末年的光绪年间。这个判断主要是根据蒙自城区清真寺建立的时间——蒙自城区清真寺始建于光绪年间。《蒙自县志》（1995）中记述："光绪三十三年（1907年），中外穆民沙树荣、马学斋、马宝源、许清光、马贵祥、马安顺、马崑山、詹德科乃、武略目·穆罕默德、施尔木哈默等人在县城西门外购地建清真寺，定居蒙自，蒙自县城始有回族。"

回族人迁入蒙自的原因，与其他地方（如滇西地区）不相同：不是因改朝换代的战争或军屯，而是源于蒙自优越的地理位置和区位优势，即回族人的迁入，与马帮贸易和蒙自作为国际性商贸通道有关。

与蒙自县城回民的迁入相类似，蒙自县城周边一些村镇中的回民也主要是因为商贸和交通而来此定居的。《蒙自县志》（1995）中记述："草坝回民为民国年间开蒙垦殖局招徕的大庄、沙甸回民，聚居于草坝十七村。

芷村回民是滇越铁路通车后流寓当地的回族员工。"

图 3-112　蒙自城区清真寺附近的火车轨道

2. 蒙自城区清真寺

蒙自城区清真寺现所在地叫太原街，又俗称回子街，为蒙城老城区的
中心地带。

蒙自城区清真寺始建于光绪三十三年（1907 年）。当地回族人士沙殿
荣（沙树荣）、马学斋、许清光、马安顺等人，以价银 256 元从一位聂氏

人手中买得位于蒙自城区西关外的地基一块，并在此建盖了蒙自城区清真寺。（马建钊，2015）

图3-113　蒙自城区清真寺大殿外景

民国二十七年（1938年）蒙自城区清真寺管事马镇东、王意林、王秉良等以滇币27500元买下西门外石墙子陕西庙隔壁瓦楼房一所（前后两间，外有正房后地基一块）。蒙自城区清真寺遂扩大至现在的规模。1940年初，国民党军事委员会总参谋长、中国回教救国协会理事长白崇禧给蒙自城区清真寺挂"兴教建国"匾一块，至今仍存。

蒙自城区清真寺曾在1964年"四清"运动中关闭，1980年重新开放。"文化大革命"期间，蒙自城区清真寺不仅被关闭，还遭到严重破坏。十一届三中全会以后，政府拨修理费6000元，重点维修了礼拜大殿并新盖了大门。宿舍、水房、厨房、厕所和天井的地面，全部用混凝土铺设，耳房过厅的楼上（7间）做客房。（马建钊，2015）

图 3-114 蒙自城区清真寺大殿内景

　　目前，蒙自城区清真寺已完全改建为钢筋混凝土结构的建筑，占地面积 882 平方米。1997 年 2 月由县人民政府正式批准该场所为合法的宗教活动场所。2002 年，与个旧市沙甸大清真寺、开远市大庄清真寺等一同被评为红河州"州级模范清真寺"。

第四章

云南回族建筑的物质与空间双维分析

第一节　回族建筑的文本特征

居住，作为建筑的主要功能，在人类早期仅仅局限于遮风避雨，保护人类的生命安全，正所谓"上古穴居而野处，后世圣人易之以宫室，上栋下宇，以待风雨"（《易经·系辞下传》）。

然而，当人类完全实现了建筑的栖居功用之后，便开始对建筑有了更高的审美要求。起初是由不同的气候条件和建筑材料决定了不同的建筑风格，而随着文明的发展，不同的风俗习惯、宗教信仰、政治、经济体制，使得不同地域的建筑逐渐形成了自我标注式的风格。

对于这些建筑及其风格的认识，是我们对人类生存环境的基本理解。然而展开这种理解方程式的最好的角度，就是把建筑作为一种文化传播的文本来考察——人类通过对建筑结构、布局的设计，并借助于装饰、装修，使得建筑成为一种富含有文化意义能够自我表达的文本，而正是这些文本，不仅使文化意义的传播和接受成为可能，还使之成为能够沟通古今的时间媒介——建筑正是以它自身独特的传播方式，在时间的长河里，向人们无声地述说着各个民族的文化传承与历史积淀。

据此，本文将云南回族建筑的总体布局、空间结构、外部风格与细部处理、内部的装饰和设置等林林总总的物质文本特征简化为"格局与结构""装饰与装修"两个方面来加以总结和分析。

一、格局与结构

（一）基本格局

中国传统建筑的格局特征大致有三个：一是由若干单座建筑组成一个有机的群体；二是全体建筑基本沿中轴线左右对称分布；三是采用合院的形式构成一个封闭的空间。这种基本格局大约形成于唐宋之际，其后几乎被主要的中国传统建筑类型所采纳——宫殿、寺庙、祠堂、民居，概莫能外。

云南的回族建筑沿袭了这种基本格局，不仅是清真寺，就连普通住宅民居也大抵如此。以清真寺为例，其建筑形式非常讲求完整对称的布局。特别是在清代经堂教育兴起后，这种形式进一步得到加强。清真寺一般采用四合院的基本形制（大多清真寺由一进或两进四合院组成，也有少数由三进四合院组成），所有建筑都沿中轴线对称分布。寺内最重要的主体建筑礼拜大殿，坐西朝东设立在中轴线的最后端，殿前两侧对称分布南北厢房，寺门正对大殿，中间以甬道相连。尽管云南的各地清真寺的具体构成和格局都不完全相同，但不论其布局如何，总体上都是这种沿中轴线和谐对称分布的基本格局。

总之，以清真寺为例，云南回族建筑的整体特征如下：一是寺内的主要建筑包括照壁、大门、牌坊（或牌楼）、二门、宣礼塔（又称邦克楼、叫拜楼、唤醒楼、醒梦楼、望月楼等）、南北厢房、大殿、水房、对厅等。

二是所有建筑都沿中轴线左右对称分布，其中最重要的建筑（如礼拜大殿、宣礼塔）一般设立在中轴线上，与其他建筑有明确的主宾和呼应关系。三是建筑群周边以围墙或建筑围合，形成一个规整、封闭的院落。

　　云南的清真寺虽然在基本格局上与中国传统建筑保持了一致，但在一些细节上却有着自己独特的处理。例如，清真寺建筑群的中轴线，不是采用中国传统建筑惯用的"南北向"（坐北朝南或坐南朝北），而是"东西向"（坐西朝东）。与中国传统建筑喜欢朝南的习惯相悖，清真寺之所以采用这种朝向，是因为穆斯林礼拜时必须要朝向麦加的"克尔白"（Kaaba）。而在中国，就是要朝向西方。因此，中国清真寺的礼拜大殿无一例外地都坐西朝东。

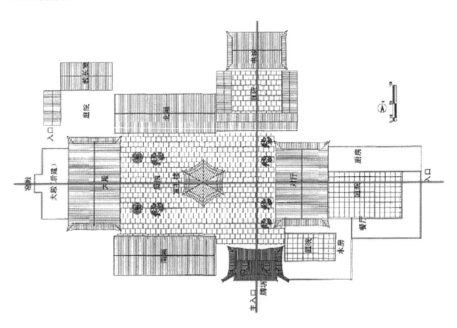

图 4-1　大庄清真寺双轴线①

　　①　余穆谛. 云南清真寺建筑及文化研究［D］. 昆明：昆明理工大学，2008：36.

此外，云南的清真寺即便是对最基本的中轴线的原则，也没有墨守成规。例如，大庄清真寺虽然也采用了中轴线的原则，但又因地制宜，为满足空间和功能的要求对大庄清真寺的布局采用了双轴线的设计：礼拜大殿、宣礼楼、前厅沿自西向东中轴线排列，而主大门、教师楼、书馆、教学大楼则沿自北向南中轴线分布。

（二）基本结构

中国传统建筑的结构特点可以简单地归纳为四点：大屋顶、木骨架、檐装饰、石台基。其中，最主要或者辨识率最高的就是大屋顶。这不仅因为大屋顶是中国传统建筑的主要组成部分，通过屋顶就能辨识建筑的大致基本结构；还因为屋顶是中国传统建筑的主要特色，匠人们对它投入的精力与心思，为世所罕见。甚至外国人常常用大屋顶来指代中国传统建筑。

云南回族建筑无论其规模大小、形制简繁，都采用了中国传统建筑的结构特点。不仅殿堂、楼阁、亭榭、住宅等都采用了梁柱式木构架方式建造，还遵守了建筑的礼法和等级规约。在整体结构上，也都采用了大屋顶、石台基、梁架与柱子、斗拱、榫卯结构进行连接搭配组合的建造方式。例如，云南清真寺大殿多采用悬山式（有单檐、重檐甚至三重檐之分）的中国传统建筑木构屋顶形式。

然而在细节上，却呈现出一定的地域性特色。例如，云南回族建筑中大屋顶的"飞檐"，与北方建筑相比，其跷脚更高（南方大屋顶的跷脚更平直）。这不仅是由于南北的审美趣味不同，还因其功能上的实用性——南方雨多，飞檐跷脚高，可将房顶的雨水抛得更远一些，以减轻雨水对建筑木构件和基础的损害。

云南回族建筑对宣礼塔（Minaret）① 的处理，与中国传统建筑中常见的塔楼不同。宣礼塔作为清真寺建筑群中的一个主要组成部分，有着独特的功能——一方面用作宣礼，召唤信徒前来礼拜；另一方面用来登高远望（观察新月），确定斋戒月起止日期。因此，无论在国内外，高耸入云的宣礼塔都成为清真寺建筑的标志和建筑特征之一。虽然云南清真寺中的宣礼塔，在整体上依然采用了中国传统建筑结构和形制，但往往会根据自身的具体情况，而做很多灵活的处理和变通。例如，云南清真寺中的宣礼塔一般为阁楼式，其塔楼不同于中国其他宗教同类建筑，塔楼的屋顶多由八角形改为六角形（即六角攒尖顶），以象征伊斯兰教"六大信仰"②。

此外，仍然以宣礼塔为例，云南清真寺的宣礼塔不仅与中国传统建筑的塔楼不同，也与典型的伊斯兰教建筑迥异。典型的伊斯兰清真寺往往拥有分列寺院四周的四座甚至更多的宣礼塔（这些宣礼塔往往高耸入云）。而云南清真寺的宣礼塔，不仅采用木结构建筑形制，只建一座（在这一点上，又非常接近中国传统建筑的风格），还大都因地制宜，或独立成楼（如大庄清真寺的宣礼塔为传统的楼阁式，见图3-111）；或与门楼结合（如小围埂清真寺为门楼与宣礼塔的结合，见图3-24）；或与寺门合二为一（如拖姑清真寺的宣礼塔与寺门合璧，见图3-3）。

二、装修与装饰

中国传统建筑是以木构架的梁柱系统为主要的承重体系，而依据功能需要，安装于这些骨架间的各种构件，如墙、门、窗等，只起建筑的维护

① 除宣礼塔之外，还有邦克楼、叫拜楼、唤醒楼、醒梦楼、望月楼等多种称呼。
② 六大信仰（arkān al-īmān），又称六正信、六圣条，是伊斯兰教教义中的六个基本信仰准则。《古兰经》将宗教信仰明确地概括为五项基本信仰，即信真主、信天使、信经典、信先知、信末日。而根据《古兰经》及《圣训》中的文句，又可增加第六项"信前定"。什叶派只相信《古兰经》提出的五条，不相信第六条前定。

和空间的分隔作用。这些不承重的构件统称为"装修",与室外空间相联系的称为"外檐装修";而划分内部空间的构件称为"内檐装修"。

(一)内檐装修的特征

一是对装饰构件的灵活运用。通过采用灵活的可以装卸的装饰构件,以满足不同功能和空间分隔的需要。

例如,清真寺大殿的正面门,大多采用可以随意装卸的"格扇"(俗称"格子门")。平时根据情况闭合,夏季则可以完全取下,一方面形成通畅的敞口大厅,方便礼拜民众的进出;另一方面则创造良好的通风条件,使礼拜者免受酷热之苦,安心地进行宗教仪式。

在大殿内部,则通过使用屏风等装饰构件进行临时的空间分隔,以组合成不同大小的空间环境,实现不同的功能。例如,在一些没有单独设立女寺的清真寺内,往往通过在礼拜大殿内单独隔出一块区域,以供女性穆斯林做礼拜之用。这样的室内空间划分,既是对各部分空间形式和功能上的界定,又与其他空间组成一个整体,隔而不断,分而不离,互相贯通流动。

正是得益于内檐装修构件装卸的灵活性,公郎镇回营村清真寺的22扇精美的格子门(格子门可被迅速拆卸),才能够在火灾中免于焚毁,得以完整地保存下来。

二是建筑的装饰纹样极其丰富,但多由植物花草纹、几何纹和阿拉伯文字(书法)组成,较少使用人物、动物等具象性纹饰。

其中,最能突显民族特色,也最为普遍通用的装饰手段当属伊斯兰书法。伊斯兰书法是一种以阿拉伯字母为基础的书法,将主要摘录自《古兰经》和《圣训》的经文,伴以阿拉伯式花纹或几何纹饰,以艺术手法表现出来的一种华丽的装饰形式。根据伊斯兰教义,一切有形的都会湮灭,故真主也绝不能以具体的"偶像"形式来表示。因此,文字以及其衍生的书法就成为对真主表露情感的重要方式，书法被赋予了宗教的神圣色彩，这使得伊斯兰书法字体种类及其艺术形式繁多。

在回族建筑中，依照建筑的本身特性，伊斯兰书法有彩绘、浮雕、透雕、拼贴、镶嵌等技法。在木材、砖石等材料上，由复杂多样的表现手段组合成圆形、半圆形、长方形、菱形等任意几何形状。在整体上，又与装饰华丽的花卉植物纹样、几何装饰纹样浑然一体。从而这成为伊斯兰教建筑，特别是清真寺，最别致、最个性化的装饰风格和艺术特征。

三是礼拜大殿是内檐装修与装饰的重点，同时也是伊斯兰教建筑艺术特征最为丰富和集中的空间。

礼拜大殿的内部，许多建筑构件的细部，都是艺术加工的重点，其处理手法也丰富多样。天花、宣礼台、柱础、栏杆、墙壁、门窗等，都依据构件的外形特点和材质，将艺术构思与材料构造巧妙结合，进行精细加工，创造了许多精美的构图、雕刻或绘画图案。

在整个礼拜大殿中，由于"窑殿"指引礼拜的方向，并且需要用阿拉伯文书写清真言："万物非主，唯有安拉，穆罕默德是安拉的使者。"因此这里也就成为大殿装饰的重点部位。云南清真寺的窑殿，大多采用伊斯兰教建筑的传统制式，但同时加入了中国传统建筑的元素。例如，窑殿的整体风格为"穹窿"① 式的砖石或木作建筑物，但其外往往装饰有中国传统建筑的脊顶或边框，并且在其中融入了许多本土化、民族化的建筑艺术元素。

（二）外檐装修的特征

如前所述，中国传统建筑是建立在木构架系统的基础上的，而各个装

---

① 又称穹顶、拱顶、圆顶，是一种建筑的构造，内表面呈半球形或近乎半球形的多面曲面体顶盖，古代多用砖、石、土坯砌筑，也是古罗马建筑和文艺复兴时期建筑的重要造型特征。

修构件，不仅要有实用的功能，还要有审美的、社会的功能，从而与整个木构架系统巧妙地结合，组成一个和谐统一的整体。而木构架系统本身，也为灵活运用各种装修和装饰，提供了极大的可能性和自由度。

云南清真寺的外檐处理与中国传统建筑的宫殿、寺院道观非常相似。它对外多用板门，大殿的外檐用成片的格扇门窗，格扇门窗的格心多沿用宫式作法，以三角六、双交四，或其变体的菱花窗为主要装饰纹样，也有锦纹、回纹等纹样。随开间面阔，每樘安置四扇、六扇。而通开间，则为十二至三十余扇。不仅格扇门窗的外形相同，格心纹样（多为万字纹、井口纹、藤纹）还大体一致，并喜用局部雕饰的办法加以美化，以达到肃穆规整的艺术效果。

礼拜大殿的外檐部分，特别注重檐部和卷棚的艺术处理。因礼拜大殿是教民进入礼拜大殿的前奏与礼拜之地的延伸①，也是整座礼拜大殿正立面的最突出部分。因此多采用楣罩、栏杆、楹联、匾额以及雕饰进行装饰，不仅着意烘托出礼拜大殿的雄伟壮丽，还起到使室内外交通便捷的作用。

三、建筑文本的语法

建筑学家喜欢将建筑与语言进行类比，例如，彼得·艾森曼把建筑看作句法，查尔斯·詹克斯把建筑看作语义。② 这意味着，建筑的构造如同语言的使用一样，都依循着一定规则和规律。

梁思成曾在《中国建筑的特征》（2007）一文中，将中国传统建筑的"文法"（语法）归纳为以下几个方面：立体构成（单个的建筑自下而上

---

① 在诸如主麻日、开斋节等人数众多的聚礼之日，礼拜大殿无法满足，外檐往往也就成为教民的跪拜之地。
② 豆瓣网.建筑空间的语法结构［EB/OL］.豆瓣网，2013-10-13.

由台基、房屋和屋顶三个主要部分构成）；平面布局（一个建筑群落沿中轴线左右对称分布）；以木料为主要构材（以木材做立柱和横梁的框架结构）；重视发挥斗拱的作用（不仅用以减少立柱和横梁交接处的剪力，还起到很强的装饰作用）；大屋顶（翘起如翼的屋顶）；对颜色的大胆使用；大量使用装饰部件；等等。

梁思成在这里使用了一种比喻的方法，借用语言中"文法"的概念来说明中国建筑几千年来形成并沿用的惯例和法式。正是得益于这种"文法"的组织，中国建筑才形成了一贯的风格和独特的个性。

同样是在这篇文章中，梁思成还提出了各民族建筑之间的"可译性"的问题。以语言为喻，他认为各民族的建筑恰似不同民族的语言，表达同一个意思（建筑的功用或主要性能是一致的），语言形式却不相同（建筑表现出来的形式很大不同）。可见，所谓的"可译性"表明：同一性质的建筑，由于各民族所使用的建筑语法不同，最后呈现的建筑风格和特征也就大相径庭。

梁思成在这里将建筑的语法与"可译性"并置，实际上是想强调建筑的语法既有它的"拘束性"，又有它的"灵活性"。而在这变与不变之中，恰恰隐藏着可供我们深入解读的各民族的不同文化心理和文化特点。

云南回族建筑所遵循的是中国传统建筑的语法，因此二者在基本风格和形制上并无二致。如前文所述，云南的清真寺都沿用了中国传统建筑的基本格局与基本结构。然而，云南回族建筑在对中国传统建筑语法承袭的同时，也在一直不断进行着增减、变动和创新，以此彰显自己的特性和特色。因此，云南回族建筑在遵循这些基本的"语法"之外，也形成了一些自己的特殊语法。对建筑的解读，实际上就是对文化的解读，而在这些特殊建筑语法之中，既有实用与艺术（美观）、现实需求与历史记忆的博弈，更蕴含着民族文化的基因，因此对其进行分析和解读，能够帮助我们更深入地理解回族的民族文化的特性与民族智慧。

通过对西南丝绸之路沿线诸多清真寺和回族民居的考察，笔者将这种特殊的"语法"归纳为：嫁接、移植与套叠、过渡、适应与变通。

（一）嫁接

"嫁接"是指云南回族建筑在使用中国传统建筑语法时，往往将一些伊斯兰教建筑元素有机地融入其中。所谓的中伊合璧，就是对这一语法的直白的说明。

嫁接原本作为一种常见的园艺技术，是指将两种不同植物的组织结合在一起，以使其继续生长并起到提高植株产量、增强抗病能力等作用。这是一种植物（即"接穗"）枝节与另一种植物（即"砧木"）主干的结合。云南回族建筑的"嫁接"也是如此，是一种总体（主体）的承袭与细部改造创新的结合。本文所考察的清真寺和回族民居，在整体上毫无例外地都采用了中国传统建筑的语法，以至于在外观上，几乎看不出与周边的建筑有何差异。然而在细节上，却进行着不断地改造和创新，将伊斯兰教建筑和装饰元素大量地融入其中。如前文所述的六角顶的宣礼楼，以及清真寺和民居中大量的伊斯兰书法及纹饰，即是这种创新与融合的直观表现。

此外，特别需要强调的是，园艺上的成功嫁接，必须保持接穗和砧木的两个植物组织的活性，直至两者完全彼此适应，融为一体。回族建筑上的嫁接同样如此，它虽然是一种最简单、最直接的文化交流或交融方式，但绝不意味着简单的模仿，而是将两种文化元素巧妙、和谐地有机融合在一起，并最终形成自己的独特风格和文化个性。

（二）移植与套叠

"移植"语法是指云南回族建筑特别是清真寺随着社会条件变化而发生的异地迁建或增建。"套叠"则是指因需求的改变而对清真寺进行的扩建、增建和改建。无论是移植还是套叠，都不意味着对旧建筑的完全遗弃，而是对旧建筑的增删、改善与创新，使之呈现一种新旧对应、新旧交叠的状况。

移植的情况在诸多云南清真寺历史中多有出现。例如，始建于清嘉庆年间小回村老清真寺礼拜大殿，被移植（用原老礼拜大殿的建筑材料在现女寺的地点重建了礼拜大殿）并改为"女寺"。通过这种方法，不仅将具有历史价值的格子门、梁柱、雕花、牌匾（见图3-92、图3-93）等建筑材料连同原建筑的结构框架保留了下来，还为清真寺扩充了空间，满足了不断增长的空间和功能的需求。同样的情况也包括始建于明末清初的纳家营老清真寺礼拜大殿（见图3-86）。在气势恢宏的纳家营大清真寺开建之后，纳家营老清真寺被迁建到现在的地方并改为纳家营清真寺。

套叠的语法则运用得更为普遍，稍有历史的清真寺都存在这种情况。例如，回辉登清真寺现礼拜大殿，即是通过套叠的手法把1993年新建的礼拜大殿与1944年的礼拜大殿直接镶嵌在一起（见图3-37）。同样的情况也出现在曲硐清真寺：因为礼拜人数的不断增加，致使原有历经几次扩建的礼拜大殿仍然满足不了礼拜者的需求，所以在原有礼拜大殿后部的山顶新修建了礼拜大殿、教学楼、宿舍、水房等，也由原来的单进院布局变为现在的二进院布局方式。同时，老礼拜大殿也早已经历了一次套叠的过程，将老礼拜大殿两边山墙拆除后，进行扩建，于是新建筑与老建筑几乎不被察觉地结合在一起（见图3-60、3-61）。

移植与套叠的语法，不是云南回族建筑的专属，而是其他建筑对此类语法的运用或许并非都这般明显——几乎每一座清真寺都历经多次修建、改建、扩建，甚至迁建，因此也大都经历了移植与套叠的过程。每个传统的回族建筑都凝结着当地人的历史记忆，如不进入历史，我们根本无法完整地理解这些建筑在当地人心目中的价值与意义。因此，移植与套叠语法的大量运用，是历史与现实的平衡与妥协，也是对新的向往与对旧的怀念。其中，包含对历史和时间的承纳与尊重，这使得其文化上的传承更加厚实、更加稳固。

（三）过渡

"过渡"是指随着建筑空间由外而内的深入，云南回族建筑会渐次加强并凸显自己的文化元素和文化个性。具体而言，在云南回族民居和清真寺建筑上，有一种现象，即随着建筑空间由外而内的转移，其伊斯兰文化特征就会逐渐加强。以回族民居为例，从外部看，除了部分民居会在门楣上装饰伊斯兰书法或在照壁上书写"世守清真"等文字之外，几乎与周边的建筑无太大差异。而随着空间的深入，如进入客堂之后，这种民族文化元素就会多起来，各种采用伊斯兰书法或汉字书写的用以阐释伊斯兰教义的中堂、对联，以及绘有天房图案的图片、挂毯等就会丰富起来。此外，在内部空间的分区和功能使用上，也因宗教信仰和生活习俗的关系，而体现出自己的特点。例如，一般的回族民居，都会专门设立一间经房或（礼）"拜房"，条件宽裕的家庭甚至将二者分开设立，以用作日常的诵经和礼拜等宗教活动。

云南的回族民居，在整体结构和外观上，几乎与其周边的汉族或其他民族没有太大差异，大多采用"三坊一照壁"（如吕合镇马家庄马家大院），或"四合五天井"（如吕合镇马家庄钱家大院）的结构布局。这是因为"大杂居"的分布格局，使得回族长期与包括汉族、白族等在内的很多其他民族毗邻而居。久而久之，必然深受其影响。然而，回族自身的特色并没有因此而消亡。与之相反，回族建筑是通过"过渡"的语法，将这种与周边环境的统一性与内部的个性相统一了起来。

在云南清真寺建筑中，也明显地存在着这种空间和文化上的过渡。例如，本文所考察的清真寺都采用了中国传统建筑的木架结构，大屋顶、穿梁架斗、飞檐走壁的风格，以及中轴线布局的空间布局，甚至通过采用双中轴线、人物及动物造型来强化这种学习和接受。但是，随着空间神圣性的增强——由外而内越接近清真寺最神圣的空间——窑殿，那种由伊斯兰书法和阿拉伯几何纹样构成的装饰就显得越发突出。例如，纳家营清真女寺殿外的前廊雕梁画栋、金碧辉煌；而殿内的装饰却相对朴素，以经文、书法纹饰为主；到了窑殿部分，则更为素洁，仅以白地黑字的经文纹饰加以简单装饰（见图3-88）。这同样是一种过渡，却体现了一种由外而内逐步增强的民族文化、表明文化特征的意识。

那么，这种过渡是如何完成的？其具体机制又是什么？这就是我接下来要讲的适应与变通。

（四）适应与变通

"适应"与"变通"是一对相对相生的语法，一方面是指云南回族建筑通过对中国传统文化乃至周边少数民族文化的吸纳与采用，而和谐地融入了周边的环境；另一方面则是指为了达到和谐融入与共生的目的，而对自己建筑的文化个性与规范所做的必要调整与改变。简言之，就是适应大环境的同时对自己建筑的文化做出变通。

这种适应与变通，首先体现在云南的清真寺，不仅大多采用传统的殿堂式建造方式，还在外观上与其他本地的殿堂庙宇没有太大差别。然而，早期的中国清真寺采用的形制为廊院式（如泉州的清净寺和广州的怀圣寺），与阿拉伯地区的早期伊斯兰教建筑比较接近。其特点为礼拜大殿的前庭以回廊相通，以回廊环绕成为一个天井式的庭院，周边设有数座细尖的宣礼塔。而随着时代的发展，回族建筑在中国做出了更多的适应和变通，乃至于发展到明清时期，包括云南的回族清真寺都采用了更符合中国传统建筑语法的合院式建筑形式，并在局部或细部，做出了一定的改造和创新（如宣礼塔与大门合二为一）。

适应与变通意味着在某种程度上的平衡与妥协，因此极其需要文化上的勇气和智慧。以云南回族建筑特别是清真寺建筑中的装饰为例，它延续了伊斯兰教建筑对装饰的重视，广泛运用了丰富多彩的纹饰与装饰。但在具体的做法上却不同于一般伊斯兰教建筑对几何纹饰或植物纹饰的完全使用，而是通过采用中国传统建筑的彩画、雕刻技术和技法，形成精美的彩绘装饰艺术。

回族建筑这种五彩遍装的做法无疑与中国传统建筑的彩画传统更为亲近。但在具体纹饰与图案的使用上，却较多使用菱花、牡丹、莲荷、石榴等植物纹样（这也是中国传统建筑中常见的装饰纹饰），因禁止偶像崇拜的限定而在一般情况下杜绝使用龙、凤、狮子、麒麟等纹样。然而，这种限定并不是绝对的、不可变通的。我们在云南回族建筑包括清真寺和民居建筑中，所看到大量的与中国传统建筑装饰风格所一致的动物，甚至人物造型，就是这种变通的例证。例如前文提及的开远市大庄清真寺的飞龙造型（见图2-1），吕合镇马家大院的凤鸟造型（见图3-15）。

对于此种建筑中看似不合理，甚至不符合伊斯兰教义规定的现象，正如笔者在对当地人的访谈中所多次听到的，他们将其作为一种对中国传统文化很自然的采纳过程，认为此种做法完全是出于美观和艺术装饰的需要，并不觉得突兀，也与宗教禁忌无关：

> 回营的赶马帮大多是回族，从事着当地的经贸活动，所做的生意交往不仅有回族，更多的是其他各个民族的多方融合，最典型的体现就是回营村老清真寺建筑。在大多数人的认知中，回族的传统建筑本应该是像伊斯兰国家的建筑（欧式）一样，多使用弧形穹顶，并且一般情况下是不雕刻动物的，但实际上回营村老清真寺的建筑风格类似于故宫的建筑风格，属于宫殿式建筑风

格，最吸引人的是它的三层立体镂空剑川木雕，到处都雕着鸟、凤、龙，包括楼顶上、飞檐上都雕着飞龙。总而言之，回营村的回族建筑本质上其实是多民族文化融合的结果，意味着当时回族、彝族、汉族等多民族关系的融洽以及互相接纳。

相较而言，云南回族建筑对适应与变通语法的运用，可能更为娴熟，甚至把某些体现为中国传统建筑地方性特色的做法也一并承袭了过来。比如，"山花"① 历来是中国传统建筑刻意装饰的部位，也常常在不同地区呈现出丰富的不同的艺术风格。在云南各民族当中，白族建筑对山花的装饰极为重视，具有鲜明的特点，往往在山花上进行浓墨重彩的装饰：常常绘有各种动物（龙、凤、蝙蝠、鱼等）、植物（牡丹、莲花、卷草、荷花等）、几何纹（香草纹、回纹、云纹等）、吉祥文字（福、寿、喜）等各种图案，不仅色彩绚丽，装饰效果强烈，甚至还成为我们辨识白族建筑的主要标志之一。云南的回族民居，尤其是滇西北地区的回族民居也完全将这种纹饰、色彩的运用和装饰风格学了过来，不同之处在于细部的处理，即将传统纹饰图案替换为几何、植物或阿拉伯书法纹饰（见图 4-2）。又比如，照壁作为大理白族建筑"三坊一照壁"格局重要组成部分，不仅有保富贵平安之意和增加整个院落的曲折隐秘作用，更是一个集中展现白族装饰艺术和民族文化的主要窗口。因此，它同属白族建筑的标志性部分。而云南回族民居中的照壁（见图 4-3），其装饰风格和形制与当地的白族几乎一致，唯一不同之处，在于其用"恪守正道""两世吉庆"等文字与经文巧妙地镶嵌其中。在此，两种文化元素如此和谐相融，乃至于我们几乎察觉不到它与白族照壁的差异。

---

① 泛指所有建筑屋坡相交形成的三角形，此部分往往成为匠人们可以装饰的部分。

图 4-2　公郎镇回营村回族民居的山花装饰

图 4-3　巍山小围埂村回族民居的照壁

第二节　回族建筑的空间分析

　　人类空间的分类系统有着独立存在的逻辑和运作机制，因而通过对空间的分析能够帮助我们增进对人类社会的发展或人类的文化行为的理解。以下，将从微观、中观和宏观三个维度展开对回族建筑空间（同时也是对其结构特征）的分析。

一、布局与功能：回族建筑的微观空间分析

清真寺和回族民居作为最基本的神圣生活和世俗生活空间，是回族文化和回族日常实践得以展开的微观空间。以下，将主要从微观的层面来分析清真寺、回族民居的空间关系以及其所蕴含的文化意义。

（一）清真寺的空间布局

清真寺的主要建筑包括礼拜大殿、宣礼塔、厢房、教室、水房等。主要建筑（礼拜大殿、宣礼塔等）设立在东西向的中轴线上，其余的建筑（厢房、教室等）则对称性地分立在中轴线两侧。

其中，礼拜大殿作为最重要的建筑，一般由卷棚、正殿、窑殿三个部分组成，窑殿在礼拜大殿正后方，指引礼拜的方向，是伊玛目领拜之地。整个礼拜大殿平面布局一般为凸形，凸出的部分朝向西方（即朝向麦加的克尔白）。

宣礼塔作为另外一个标志性的重要建筑，一般都会与礼拜大殿一同设立在整个清真寺建筑群的中轴线上。与礼拜大殿相比，宣礼塔的设立有了更多的灵活性，但主要有两种基本的布局方式：一是设立在院落的中心位置，即礼拜大殿与大门的中间；二是设立在大门的位置，在功能上与大门合二为一。

清真寺的这种空间布局，一方面体现了伊斯兰宗教思想，包括清真寺主要作为穆斯林履行五功之一的"拜功"（拜功的意义在于专心致志于真主，被视为与真主的私人沟通，以表达感谢及崇拜之意）义务之地，而克尔白是伊斯兰教最神圣的圣地，所有信徒在地球上的任何地方都必须面对它的方向（在我国主要是朝向西方）祈祷。另一方面，也承袭了中国传统建筑中轴线布局的思想，即通过对称与和谐体现儒家的"中庸"哲学。这两大思想成为清真寺空间布局的两条基本原则，反映了中伊两种文化在这

个空间中的继承与交融。

（二）清真寺布局与周边道路的关系

清真寺无论建在什么地方，其礼拜大殿都必须坐东朝西，因此，清真寺在建立之初就必须考虑如何处理与周边道路，特别是与主道路之间关系的问题。这也是从社区如何进入清真寺，以及大门的开设方向的问题。余穆谛在其论文中曾将这种关系总结为如下四种类型（余穆谛，2008）：

第一种是当主道路为南北向时，清真寺一般位于道路的西侧（见图4-4-a），云南的大多数清真寺都为此类布局方式。第二种是当主道路为东西向时，清真寺一般位于道路的北侧（见图4-4-b）。第三种是当主道路为

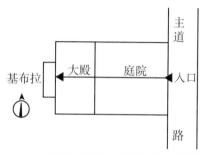

（a）南北向道路，清真寺位于西侧

（b）东西向道路，清真寺位于北侧

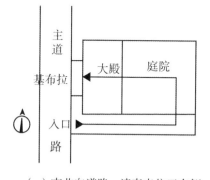

（c）南北向道路，清真寺位于东侧

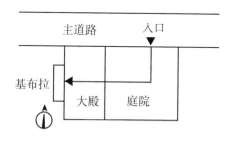

（d）东西向道路，清真寺位于南侧

图4-4　清真寺布局与周边关系图①

---

① 余穆谛. 云南清真寺建筑及文化研究［D］. 昆明：昆明理工大学，2008：33.

南北向时，清真寺一般位于道路的东侧（见图4-4-c）。第四种是当主道路为东西向时，清真寺一般位于道路的南侧（见图4-4-d）。

在四种类型中，除第一种类型外，其他三种都必须将大门开设在清真寺建筑群的侧面。尤其是在主道路为南北向的情况下，从主道路进入清真寺要经过一个曲折的回形路线。这种设计不仅是为了保证建筑群尤其是礼拜大殿坐东朝西的设立原则，同时还是为了设立一个从世俗世界到神圣世界的过渡空间。最终，建筑设立的原则性与灵活性得到统一，寺院与社区的空间关系也得到妥善处理。

二、聚寺而居：回族建筑的中观空间分析

从整个社区或村镇的中观空间维度来看，清真寺建筑与回族民居建筑呈现为一种中心与周边的关系。也正是基于这种关系，回族的社区通常被称为"坊"①，并在此基础上形成回族社区的"寺坊制"结构。

首先，"寺坊制"体现为一种空间上的关系，即若干个回族家庭围绕某一清真寺聚族而居，组成的一个聚居区。这种聚寺而居是以回族成员之间共同的宗教信仰和文化精神为纽带建立起来的。（马宗保、金英花，1997）本节所考察的回族社区都呈现出这种围绕清真寺"聚寺而居"的显著空间特点——居城则聚集为街区，居乡则聚集为自然村落。不仅社区内的主要干道围绕清真寺来建设，其他民居和学校、商店等公共建筑也围绕清真寺而建设（见图4-5、图4-6）。

其次，"寺坊制"还体现为一种社会的制度性特征，即清真寺为"寺坊"的核心，以此整合一定地域内的人群，形成一个自治性的社区。社区内的宗教活动、婚丧嫁娶、交际往来、文化教育等社会性活动，一般都以

---

① 马宗保. 论回族社会的"坊"[J]. 宁夏社会科学，1994（6）：16-22.

"寺坊"为单位进行交涉和处理。

图4-5 巍山县永建镇东莲花清真寺在村庄中的位置图①

清真寺与社区的关系是如此紧密，以至于我们有时就可以简单地通过清真寺的大小来判断社区的规模大小。正如有学者所说的：

> 一座清真寺不管在什么地方兴建，其先决条件，这里必须先形成一个穆斯林聚居区。所以说，一座寺的创建与居民区的形成，可以互为参证。而清真寺的大小，常与居民人数成正比。（佟洵，2004）

回族建筑在中观空间维度的这种特征，与回族人"两世吉庆"的宗教思想密切相关。所有宗教性的建筑（例如佛教和道教）都喜欢设立在幽静

---

① 清真寺位于图中红圈处。图片来源：永建镇内部资料：《云南省东莲花历史文化名村保护规划》。

偏远的地点，以帮助信徒摆脱人群的喧扰，找寻身心宁静，营造一个不同于世俗世界的宗教空间。而伊斯兰教将今世的现实生活视为"人的旅途"，将后世视为"人的归宿"，追求"两世吉庆"（又称"两世并重"），将世俗性和神圣性相统一。因此，清真寺的设立既要满足属于神圣世界的宗教活动的需求，又要兼顾方便进行世俗生活的要求。而正是基于这一特点，清真寺一般都会设立在交通便利、信徒聚居的社区中心地带。例如在纳家营清真寺周边，农贸市场、学校、医院、旅馆、餐馆等建筑设施鳞次栉比、一应俱全，进而成为全镇最繁华的区域（见图4-6）。

图4-6　通海县纳家营清真寺在纳古镇的位置图

回族建筑的中观空间的布局特点，也为其更宏观的分布奠定了基础。换言之，"两世吉庆"的空间追求进一步得到扩大和延伸，使得回族人主要定居在交通沿线、坝区、河谷、城镇，因而与其他周边的少数民族相比，"世居坝头固得形势，因而富贵沿为首"（白寿彝编，1952）。以下，将对这种宏观的分布特征做更详细的论述。

三、人口分布及居住环境：回族建筑的宏观空间分析

作为人类居住和生活的场所，建筑的分布必然是与人口的分布相一致的。所以，回族人口在云南的分布状况，也就在整体上决定了回族建筑的分布格局。同时，由于历史变迁因素的存在，特别是在经历多次对当地生活状况和人口繁衍产生重大影响的历史事件之后，回族人口的分布也随之发生了变化。因此，回族目前的人口分布与建筑分布在保持基本一致的基础上，又不完全精准吻合。

建筑分布所呈现的这种特点，是完全可以被理解的。因为，建筑作为一种历史的遗存，它不仅体现为历史变迁的结果，也保留了一定的历史变迁痕迹。正是因为如此，它才有了历史的价值，才可供我们进行一定程度的"考古"。总之，历史和变迁的因素，共同决定了当前的回族人口与建筑基本一致又不完全精准吻合的分布格局。

为了更清楚地了解这种综合了历史与变迁元素的分布格局，首先，我们需要来看一下回族人口目前在云南省的分布和居住情况。根据2010年云南省第六次全国人口普查数据，云南的回族人口为69.8万人①，占云南总人口的1.52%，占全国981.68万回族人口（2000年统计数据，不包括台湾地区）的7.1%②。而在云南省范围内，回族人口则相对集中于滇东、滇西、滇南和滇中的四大片区，其中90%以上的人口居住在城镇及内地坝

---

① 国家统计局. 云南省2010年第六次全国人口普查主要数据公报［R/OL］. 国家统计局网站，2012-02-28.

② 这一人口比重在全国排在第七位，属于全国回族人口较多的省份之一。

区，只有不到10%的人口居住在山区、半山区和边疆一线。

在地理分布上，全省127个县、市，除威信、绥江两县外，其余各县都有回族居住。其中，人口较多的市县（5000人以上）为：滇东北的鲁甸、滇东、会泽、宣威、曲靖、寻甸；滇中的嵩明、西山、盘龙、五华、禄丰；滇南地区的个旧、开远、建水、弥勒、泸西、砚山、通海、华宁、玉溪；滇西地区的巍山、永平、大理、腾冲、洱源等。

回族在云南的分布，基本形成了一个以昆明为中心的倒"Y"字：倒"Y"字的一头分向楚雄、大理、保山；一头分向玉溪、红河。实际上，倒"Y"字的两条线路与两条云南古道——"蜀身毒道"和"进桑糜泠道"基本吻合。而这两条线路，又属于广义上的"西南丝绸之路"。如此这般，我们就完全有理由说，回族在云南的人口，基本上集中分布在"西南丝绸之路"沿线。

实际上，历史学家的考证，也印证了这一分布特征：

> 纵观整个滇西地区，回族自元、明入境以来，伴随王朝的军事计划，往往在其行军沿途要地驻军屯戍，是为后来回族村寨兴起之滥觞。到明末清初，滇西回族大分散、小集中的分布状态逐渐形成为：以大理、巍山和永平为中心不断向四周延伸，呈现出三角形，西至腾冲，南抵云县，北达永胜，其聚居点主要是沿上述交通线上的坝区陆续而分布。很显然，这种分布局面的形成是元明两朝在云南实行军屯的结果。（马兴东，1989）

> 滇南回族的聚居点主要是沿滇越交通线上的坝区分布着，其大体轮廓为：自昆明分左右两侧南下红河，沿途将玉溪、华宁、通海、建水、个旧、开远、砚山、邱北、泸西等地连成一线，在这条环形线状周围，回族村寨若断若续地散落分布于其间。这种

分布状况，迄今都无甚大的改变。(马兴东，1989)

上述论述对我们有两点提示：一是云南的回族人历来有沿交通要道定居的特点（在某种程度上，这也属于全国回族人的特性）；二是历史上军屯对今日的回族居住格局产生了重要的影响。

然而，由此而带来的疑问是：云南的回族建筑（包括回族人口）今日所呈现的分布格局是否仅仅是军屯的原因？笔者认为，我们显然不能武断地就此下结论。因为历史上的军屯（屯戍往往沿交通要道展开）虽然的确为回族人的居住格局奠定了基础，但后期一些历史事件的发生，如清朝的"咸同事变"①，却对这一格局有着更大的破坏和重塑作用，甚至将原有的回族社区完全摧毁（不仅大多数地区的回族人被屠杀、驱赶殆尽，其房产和田产也被作为"判产"没收充公）。

那么，为什么原有的格局经历了惨烈的重新洗牌之后，在今日看来，依然保持着与西南丝绸之路大体一致的分布特征？显然，除了军屯等历史因素之外，还有其他的因素在发挥着作用。笔者认为，这个因素就是马帮，下节将就此展开讨论。

第三节　"摆夷田、汉人地、回人赶马做生意"：回族建筑的空间情境

如上节所述，回族人口在云南的分布与西南丝绸之路的走向基本一

---

① 参阅：白寿彝：《中国近代回族穆斯林反清起义史料汇编》；王树槐：《咸同云南回民事变》；姚华亭：《楚雄丙辰抗变事略》；马观政：《滇垣十四年大祸记》；张铭斋：《咸同变乱经历记》。

致。那么,这种沿"蜀身毒道"和"进桑麋泠道"倒"Y"字分布格局是如何形成的?

"汉族、回族住街头,壮族、傣族住水头,苗族、彝族住山头,瑶族住箐头。"——这句广为流传的云南谚语,不仅为我们形象地展现了云南各民族的居住习惯和居住格局,也在一定程度上给我们揭示了形成这种格局的隐含密码。毫无疑问,这种居住格局与各民族长期以来形成的与地理环境相关的生产、生活习惯有关。例如,傣族以水稻作为其主要的经济作物,因此,他们必须住在水源充足的地方——人们形象地称之为"水头"。

就回族而言,其善于经商的特性为世所公认,他们也因为经商的便利而习惯居住在交通要道,以及人口密集的市井城镇。因此,从全国范围来看,回族在"大分散、小聚居"的基本格局之外,也多分布于人口密集、交通便利的区域,即所谓的"街头"。

回族在云南分布完全具备了上述特征,但除此之外,还呈现出一定地域性的特征,即与西南丝绸之路基本相一致的空间分布格局。对于这种地域性特征,如果再简单套用上述地理环境与居住习惯因素进行分析,就无法得到更细致的解释。地域性特性必然有其形成的地域性因素,笔者认为,这个地域性因素就是行走在西南丝绸之路上的回族马帮。

关于云南回族马帮的历史以及其在云南回族经济社会上的重要作用,可参阅相关文献。[①] 这里想要着重说明的是,云南回族马帮与西南丝绸之路的关系,以及马帮文化对云南回族居住格局的可能影响。

一、云南马帮与西南丝绸之路

马帮不仅限于云南,云南马帮行走的线路也不仅限于西南丝绸之路,

---

① 1. 姚继德. 云南回族马帮的组织与分布 [J]. 回族研究,2002(2):67-75;2. 马维良. 云南回族马帮的对外贸易 [J]. 回族研究,1996(1):18-26.

但西南丝绸之路却成为云南马帮贸易的主要路线之一，特别是在云南对外贸易方面，这条路线有着举足轻重的作用。

学者姚继德经过多年的研究与实地的田野考察，他认为："云南马帮的通商道路，基本上是沿着公元前4世纪时既已存在的'蜀身毒道'及后来衍生出来的各分支路线组合而成的'西南丝绸之路'展开的。"（姚继德，2002）

当代民族学家宋蜀华先生在论及西南丝绸之路的形成时也曾说："蜀身毒道的形成与西域道相似，首先由民间商旅往来，以有易无，逐渐形成贸易点，点与点连接而形成交通线。"（宋蜀华，1996）最终将西南丝绸之路连接成线的这些点与点，不仅是商业上的贸易点，还是人口逐渐聚集的生活定居点。而这些点最终都物化并呈现为建筑——各种民居、宗教建筑、公共建筑等人类长期的经济、政治、文化生活和文化的遗存物。

西南丝绸之路道路交通网络的形成，主要得益于马帮长年累月的努力开拓。云南高原地形特殊，高山、丘陵和盆地交错分布，平均海拔差约100米，而在滇西北横断山高山峡谷地带，山岭与江面的落差甚至高达3000米，因此这种地形非常不利于大规模物质的贸易和流通。于是，中国西南地区的商人，通过他们的实践，找到了骡马这一特殊的交通工具，并以骡马为主要畜力组成规模庞大的马帮，打通了西南丝绸之路，为这条千年商道的常年兴盛做出了极大的贡献。

而在云南的马帮中，回族人不仅擅长经商，还尤其专于长途马帮商贸和对外贸易。因此，他们不仅很快占据了马帮贸易领域的主导地位，也在贸易路线和贸易网络开拓中做出了重要的贡献。正如学者福布斯所论述的：

到18世纪末叶，云南穆斯林商人马帮的足迹已遍及自西藏边境穿越印度阿萨姆、缅甸、泰国、老挝，直到中国南方的四川、贵州等省及广西的广阔地区。冬季运往南方的货物有布料（毛料、棉布及丝绒）、水果、坚果、地毯、铜制器皿、盐，返运回云南的货物，则为棉花、茶叶、玉石，有时还有粮食。无疑有许多汉族及山区各少数民族也参与了这种贸易，但有资料表明，这种云南的远途马帮贸易最初是回族穆斯林的特有行业。这些商道在沟通云南与邻近东南亚诸国联系的同时，显然也导致了回族定居缅甸、泰国及老挝山区的一些个别情况的出现。（安德鲁·福布斯，1988）

从历史来看，回族马帮商人的活动范围非常广泛，在云南、缅甸、越南、老挝、泰国、西藏、印度、尼泊尔等地都留下了他们的足迹。他们的活动不仅推动了西南丝绸之路网络的发展和完善，也对中国对外交通和贸易的网络体系的建立起到了积极的作用。

二、马帮文化与回族居住格局的形成

（一）马帮贸易的力量

"摆夷田、汉人地、回人赶马做生意"，这一在云南民族地区广泛流传的谚语，在一定程度上反映出了"马帮"在云南回族经济社会生活中的地位和作用。

实际上，据相关文献记载，在明朝时期就有了关于云南回族马帮活动的正式记载（杨兆钧，1994），这也意味着，回族马帮的兴起不会晚于明朝。此后，尽管也有许多包括汉族在内的其他民族参与了这种贸易，但回族人民很快就在这种贸易方式中占据了主导地位："历史上的云南马帮，以回族、汉族、白族、彝族和藏族五个民族的马帮为主，其中尤以回族马帮的规模最大，其经营活动的范围最广，资金最雄厚，持续时间最长，社会影响最巨"（桂榕、张晓燕，2013）。

长期的马帮贸易，形塑了云南回族文化中所特有的马帮文化。这种文化深入回族社会的方方面面，并最终成为云南回族的一种典型性地域文化特征。

首先，云南回族人口和居住地的分布与马帮文化有着密切的关系。"在云南人看来，贸易先是趋于向南方的，而由于云南回族逐渐在这一远途马帮贸易中占据了主导地位，于是他们的聚居点及清真寺在许多云南的城镇里也是趋于向南部发展的。"（申旭，1994）伴随着马帮贸易的发展，云南回族人口和居住地逐渐聚集在这些贸易要道上，并逐渐发展出一些不同规模的回族村落。

例如，本节所考察的滇西地区，正是马帮贸易的交通要道和重镇。"据1913年档案资料记载，云南省马帮牲口有19000多匹，位于滇西地区的有9000匹。"（桂榕、张晓燕，2013）而其中，又以回族马帮实力最强，"解放前，在巍山150多个马帮里，由回族建立的回族马帮达100余个，拥有骡马5000多匹"（杨兆钧，1994）。

> 云南马帮商人的活动还对近代一些城镇的兴起、发展与繁荣起到了推动作用。云南对外开埠通商以来，在通商口岸及相关沿线兴起一批城镇，其中发展较为突出的是蒙自、思茅、下关、开远、个旧、石屏、新兴、河口、丽江等，这些城镇的兴起和马帮商旅的经营活动有着密切的关系，其中不少城镇的商品集散、中转功能日益增强，逐渐成为重要的商业城镇。（朱伟，2012）

其次，在人口发展、社会经济水平提高的同时，云南回族人民的居住条件也逐渐得到了改善，其具体表现就是本节所关注的回族建筑大量的涌现。随着社会发展和经济水平的提高，对居住条件提出更高的要求是人类社会一个自然而然的过程。但除此之外，回族人民对居住条件、对家园建设似乎有着更高的渴求。广为流传的民谚"回族有钱盖房，汉族有钱存粮"，就反映了回族人民在经济富裕后首先想到的就是改善居住条件。

因此，作为云南马帮贸易重镇的楚雄吕合、大理下关、巍山永建、永平曲硐、保山腾冲等滇西诸地，以及玉溪的纳家营、红河的建水、沙甸、大庄等滇南诸地，成为云南回族建筑分布最多、最典型的区域就不足为怪了。

（二）作为编织者的马帮

> 从社会生存方式来看，农耕和营商始终是云南回族社会的两大主要生存模式。其中的马帮营运活动，不仅集中凸显出整个群体的商业品性，还在沟通前述的中国西南与东南亚、南亚甚而西亚之间广大区域里各民族经济文化的交流互动方面，始终是一支主要而不可取代的力量。倘若笔者前面假设的在这一区域曾经存在过以西南丝绸古道为标志的商贸网络的推论能够成立的话，那么云南回族马帮正是这张商贸网络的主要编织者。（姚继德，2002）

学者姚继德上述这段话，所强调的是回族马帮对云南商贸网络（包括对外贸易网络）的贡献。但实际上，回族马帮通过其勤劳的贸易活动不仅编织出了一张四通八达的商贸网络，也将自己编织（分布）于这条商贸网络的主干（西南丝绸之路）之中，从而造就了今天回族建筑在云南的主要分布格局。

为了进一步说明马帮的这种"编织"作用，同时也是为了回应上一节前文关于"军屯"对今日的回族居住格局影响的质疑，需要再次提及"咸同事变"这个历史结点。

在"咸同事变"后，云南回族不仅人口、财产（包括建筑）遭受巨大损失，还被赶出了祖祖辈辈居住的土地。直至光绪年间，在清廷推出善后政策之后，回族人才开始逐渐结束东躲西藏、颠沛流离的生活，回归故里。

然而，这个回归故土的过程，仍是非常艰难。没有土地，没有房产，还处处受到歧视与刁难。如台湾学者王树槐所述的：

> 疆臣所订的善后章程，原则上是公平的，而实际措施，则不尽然。大理回民房产多为官吏汉绅所占。光绪三年（1877 年），尚有团练驱逐回民之事。蒙化（今巍山）回民房田，亦多被官绅强据。澂江（今澄江）官府不准回民归居西村及西街子。（王树槐，1968）

在这种情况下，回族人唯有通过更加勤奋的劳作，才有可能得以重建家园。而此时，一没有资金，二没有田产，马帮贸易就成了回族人最合适的职业选择。

> 清末回民反清起义失败后，回民遭屠杀，房产定为"判产"充公。逃难回归的幸存者回到故土，不怕艰难困苦，不怕风险，以赶马经商为生计。（马存兆，2007）

重建家园的过程中，回族人擅长的经商特性得到了充分发挥。于是，伴随着马帮贸易的逐渐繁荣，不仅原有的经济生活得以恢复，原有的建筑和居住格局也按照商贸的逻辑进行了空间上的重新布局——他们尽量返回自己的祖居地，收买原来的地产和田产，并建盖房屋和清真寺（如滇西地区的回族）；无法返回原地的，也尽量选择利于经商的交通沿线居住生活。

可见，在近代云南回族人的经济生活重建和家园重建（包括建筑）过程中，马帮贸易发挥了至关重要的作用。

实际上，从我国政府 20 世纪 50 年代组织的关于少数民族地区的经济社会发展调查报告中，可以发现，乃至中华人民共和国成立初期，马帮贸易对于回族地区经济的发展和乡村的建设仍然有着重大意义。以本节调查过的回辉登村和曲硐村为例，可以看到如下描述：

> 杜文秀起义失败后，当地回族人民的土地亦被全部没收，后来主要靠做生意，同时也租人一部分田耕地，地主、富农发展起来主要是近三四十年，由于到边疆、西昌及缅甸等地做生意，发财起家的。他们一方面买回过去被外族统治阶级占去的土地，同时也大力收买周围各族人民的土地。该村回族的工业很不发达，只有几家手工染布、榨油、皮革业，较多的是经商。地主富农全部都参与做烟生意，到昆明、边疆、下关等地贩卖。仅以 20 家地主和 2 家富农统计，就有 321 匹牲口。……最大的地主兼商人，赶到 80 多匹牲口，雇 10 多个人赶马。……农民中有 60%的农户以商业为谋生手段，一般有 2 匹以上的牲口。30%的农户则半农半商……只有 10%的农户专搞农业。（《中国少数民族社会历史调查资料丛刊》修订编辑委员会，2009）

> 曲硐基本上是一个回族聚居的村子，在经济上也有它一定的特征，即赶马做小生意。以 1953 年为例，全村 793 户中、贫、雇农，专门从事农业生产的仅有 239 户，占 30%；以小生意为主的

56 户，占 7%，其余的 498 户都是半农半商。……赶马做生意的人家中，牲口的占有数也差别很大，一般只有三五头，10 头以上的多是富有者（指地主、富农及商人），占 50 多头牲口的仅是个别人家（如罗汉才家），大多数是为商家运货，自己有本钱的只是少数人家。（《中国少数民族社会历史调查资料丛刊》修订编辑委员会，2009）

总之，可以大致得出这样的结论：前期（元、明及清初）的军屯，后期（清咸同年之后）的马帮商贸，是推动今天云南回族人口分布和居住（建筑）格局形成的关键因素。由此可见，没有云南回族人特有的马帮贸易和马帮文化，就没有今天云南回族的建筑分布格局。

第五章

结论与反思：回族建筑表现与回族文化的"弹持"性

第一节　时空视域下的古道、马帮与建筑

"在民族社会学研究中，民族居住格局通常被视为民族交往的一种场景、一个变量，用来观察和调节民族交往的内涵、形式及质量。"（马宗保、金英花，1997）本节研究的对象虽为云南回族建筑，然而其沿西南丝绸之路大量分布的居住格局却将建筑与古道和马帮文化天然地连接在一起。这种连接很自然地提供了一种时空的视域，让我们来观察云南回族文化与其民族交往互动关系，并探寻回族人在特定空间内的文化发展轨迹与文化生成动力。

道路涉及人、物、观念、信息的流动，因此它对于我们理解不同民族之间的交往和一个民族自身的文化逻辑都是非常重要的。费孝通先生在提出"藏彝走廊"概念时，曾有过这样的表述："把这走廊中一向存在着的语言和历史上的疑难问题，一并串联起来，有点像下围棋，一子相连，全盘皆活。这条走廊正处在彝、藏之间，沉积着许多现在还活着的历史遗留……"（费孝通，1980）以此反观云南回族建筑，但当我们将散落在西

190

南丝绸之路的回族建筑连接起来之后，同样仿佛有了一种豁然开朗的感觉。云南的回族建筑在宏观空间上所呈现出来的大量沿西南丝绸之路古道分布的特征，显然是其商贸能力和民族特性的一种隐喻。

建筑与古道的连接，不仅在于通道的便捷性，更源于商贸生计的便利性。回族人不仅有重商的思想，还有善于经商的传统。长期而活跃的商贸活动形塑了其经济社会结构，进而内化为一种基本的民族心理、行为和文化模式。正是基于这种价值观念和文化心理，回族人势必对人员往来频繁和商业繁荣的通道有一种天然的亲近感和固执的追求，而这也造就了其至今基本不变的居住格局和空间分布特征。

清代以来，马帮成为云南回族人进行商贸活动的主要载体。而马帮贸易的兴盛，也保证了云南回族人的基本的生活需求与文化的存续。特别是在经历生死存亡的巨变之后，马帮贸易是幸存者得以生存下去，并逐渐恢复生活，买回地产、房产的生产工具。

建筑不仅是一种物质实体，同时也是一种文化的介质和"记忆之场"（les Lieux de Mémoire，2015）。正如西方建筑理论家卡斯腾·哈里斯（2001）所说的："建筑是对我们生活时代而言是可取的生活方式的诠释。"因此，云南回族"建筑"[①] 作为一种隐没在"西南丝路"——这个不同文化接触或重叠地带的"线索"，可供我们展开对云南回族文化自身发展轨迹以及与其民族交往互动关系的观察。

江应樑先生曾把回族人称为"边区的内地人"。他们正是通过商贸活动，活跃于各个偏远的少数民族地区，往返于边疆和内地之间，在带去内地先进的生产工具和生活必需品的同时，也把各少数民族地区生产的土特产品带入内地。在云南，这种商贸和物质交流主要是通过马帮实现的。而

---

① 在此，"建筑"并非完全建筑学或者艺术学意义上的建筑，而更接近人类学意义上的住居。

马帮所驮运的不仅仅是边区所需的各种物质和商品，还负载在货物之上的"来自异域的丰富信息"，因而当"人们接受了货物，也就接受了来自马帮的信息，接受了来自马帮的影响和生活方式"（张继强，2012）。正是如此，云南回族人作为"边区的内地人"，有效地加强了边区各民族与内地人民之间的经贸往来、文化交流和情感联系，从而促进了我国多民族统一市场的形成。在这里，回族实际上成为边区各少数民族与内地人民之间，甚至各少数民族之间的"中间人"。

可见，在时空的视域下，古道、马帮与建筑三者是如此紧密地联系在了一起。如果把古道作为"地理空间"的隐喻，马帮作为"贸易、经济活动"的隐喻，那么建筑就是回族人"商贸能力和文化适应能力"的隐喻。简言之：马帮是针，古道是线，回族人则是云南这张贸易、文化交流网络的编织者。

第二节　作为"中间人"的文化"弹持"能力

云南回族人不仅长期居住在西南丝绸之路沿线，同时也成为西南丝绸之路这个不同文化接触或重叠地带的贸易与文化交流网络的编织者。那么，这种现实背后蕴含着回族人怎样的文化逻辑呢？

通过云南回族建筑从微观层面的编织语法到宏观层面的分布格局等种种现实表现，笔者认为，这种文化逻辑从浅层次上来看，有关回族人的商业价值观念；从中间层次来看，表现为回族人作为"中间人"的文化特性；而从深层次来看，则体现为回族人的文化"弹持"（resilience）能力。三者之间的关系，由表及里，如下图（见图5-1）所示，构成了一个文化的"洋葱模型"。

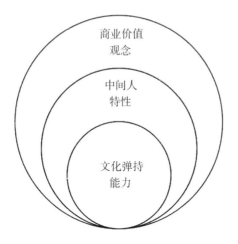

图 5-1 回族文化的"洋葱模型"①

首先，在商业价值观念上，回族的乐于经商、善于经商的重商观念，不仅为世所公认，也与中国传统的重农抑商观念（即所谓的"农为天下之本务，而工贾皆其末也"）形成了鲜明的对比。本节所考察的马帮贸易，就是回族人重商观念的典型案例。正是在这种重商价值观念的驱动下，回族人倾向于选择在有利于经商的交通要道沿线居住。正如学者吴海鹰所认为的，重商观念对回族人空间分布格局产生了重要影响：

> "西南丝路"在我国境内由灵关、五尺、永昌三条商道构成，是一个纵横交错、几乎覆盖了整个西南地区的网络，回族人口正好分布这个网络的许多结点——成都、西昌、雅安、昆明、大理、昭通、曲靖、楚雄、保山、威宁等地区。正是由于商业价值观念的驱动，大量的回族社会成员将居住地选在了文化过渡地带或商业走廊附近。（吴海鹰，2003）

---

① 笔者制图。

而就云南回族人而言，似乎这种商业观念更加强烈，乃至于哪怕在遭受大劫难之后，他们历经千辛万苦也要努力回归这些地方。① 因此，我们可以认为，回族人的商业价值观念是促成今天云南回族建筑分布格局的一个重要的内在因素。

其次，回族人由其独特的商业价值观念而逐渐成为一种商贸和文化上的"中间人"。

> 作为云南历史上最为活跃的商人，云南穆斯林及其社会与商业之间，有着非常复杂的关联。这种关联，大致可以从两个方面来理解：其一，从穆斯林与其他非穆斯林族群间关系的角度，作为一种中介或纽带的商业，是不同族群间沟通与交融的一种重要方式，商业所实现的并非仅仅是物质的交换与流通，在物质商品的背后，其有更为复杂的文化意义；其二，从云南穆斯林及其自身社会的角度来看，商业对于穆斯林自身的认同、存在的方式以及穆斯林社会自身的构建等，均有复杂的影响。（马雪峰，2009）

学者马雪峰在这里强调的是，云南回族人的这种"中间人"作用不仅仅停留在商贸层面，由于他们不仅长期浸润在多民族文化的交叠地带（如西南丝绸之路沿线），还通过马帮贸易这样的方式游走到多民族地区，发挥着多民族文化交流和沟通的作用，进而也成为一种文化上的"中间人"。

马雪峰认为，长期以来，云南回族人都是作为云南经济文化发展的

---

① 在经历惨烈的战争和惨重的人口损失之后，在历经多年异地的生活之后，这些回族人不怕千难万苦，仍然要回归故土，用赶马的辛苦收入买回原本就属于自己的"判产"，这恐怕仅用中国人的"乡土观念"是无法进行充分解释的。笔者认为，从时空的视角来看，至少还有其他吸引他们重返故里的理由，这个理由就是原居住地的地理位置和交通环境。这些位于交通要冲的定居点，在空间上非常契合回族人经商的价值诉求，因此成为他们历经千辛万苦的不二选择。

"中间人"而出现的：一方面，云南回族商人沟通了云南各地基层市场，（是）长途马帮贩运甚至是传统云南社会各个大市场间最重要的连接者，他们甚至将云南与整个东南亚连接在一起，特别是缅甸、泰国与云南的市场体系，因而成为生产者与消费者，或者说产地与消费地间的连接者。

另一方面，更为重要的是，在云南族群与文化多样性的背景下，"他们还是各种人群与文化间的连接者。……货物的流动本身也传递了文化。……（云南回族）'走夷方'式的商业，其经营者主要的身份是商人，它涉及的人群与文化都是多元的，传递的文化也是多元的。随着物品由'夷'—'回'—'汉'，或是相反方向的流动，文化也在这一线路上，随物品一起流动，或者说，物品本身是携带了文化流动的"（马雪峰，2009）。正是得益于云南回族在传统的马帮贸易和对外贸易中的重要作用，不仅使之成为云南各民族之间文化传播的中介，还进一步带动了中华文化与南亚、东南亚文化之间的交流与传播。

实际上，关于云南回族人在文化传播方面的作用，我国著名历史学家陈垣在其《元西域人华化考》中就曾表述过："今云南回教徒甚众，人皆知为赡思丁所遗，孰知云南孔教势力之伸张，亦不出于孔子之徒，而为'别庵伯尔'①之裔赡思丁父子所引进也，此孔教徒所不及料者也。"（陈垣，2016）可见，自从元代回族人以各种形式进入云南，就在这个多民族聚集和交汇的区域，充当起"中间人"的角色。正是通过他们与汉、彝等多元人群的频繁互动，形成了多元文化的对话和社会关系的建构，在实现自我与外界联结的同时，也帮助区域社会提高了相互间的联结与互动。可以说，"中间人"角色的意义不仅是通过商品的流动与交换获得各方的利益共赢，也是达成了不同族群之间的互动，增进了彼此之间的情感交流与文化认同。正如江应樑在完成对沙甸的调查之后所感慨的那样：

---

① 即先知穆罕默德。

这些沙甸的男女回教徒们，在十年的时间内，不仅胼手胝足地一锄一耙在蛮烟瘴雨中建设起现代的工厂与农场，而且与边地彝人建立起深厚的感情，一扫过去边民仇视汉官的传统心理，使边民们感觉到边区的内地人不完全是血吸虫、吃人骨头的豹子。我深感觉到沙甸人走彝方的收获，重要的不是经济上的所得，而是对于民族团结上，播下了一些珍贵的种子。（江应樑，2009）

以马帮为典型的表征，回族人能够成为"中间人"，并不是偶然事件，而是有着必然的逻辑。正如我们在建筑考察中频频听到的类似表述：

赶马帮有许多回族，基本上都跟回族以及回族的风俗习惯有联系。作为回族，第一不讲究风水，第二不讲究黄道吉日，在出门、远行、经商方面相较于其他民族具有一定优势。例如，回族人赶马经过外地时，有人去世便就地掩埋，不注重落叶归根。

可见，回族人赶马，既有重商观念的驱动，又有信仰和风俗上的独特优势。这是一种由其自身独特的文化逻辑所形成的文化秩序。

最后，回族人的重商观念推动其成为商贸和文化上的"中间人"，而"中间人"特性在本质上则源于回族人在长期的与多民族交往的历史中所形成的文化"弹持"能力。

"弹持论"（Engineering resilience theory）最早源于一个新兴的美国生态学学派。因此，"弹持"原本是指生物的一种自我修复能力，这种能力使它们在遇到一定的外在条件变化或冲击后，能有分寸地去抵制干扰并重新回到一个平衡状态。美国华裔学者周永明将这种源于生态领域的理论引入人类学，在对中国西部道路引发的文化现象进行研究后认为：文化也具有这种能力，面对道路带来的变化时，大部分地域性传统文化第一时间显现了明显的颓势，但其后它们又纷纷完成了自我改善与修复（弹持回归），而并非沿着一开始的轨迹一路向下最终崩溃或者重构。①

云南回族人在空间上游走在"西南丝路"——这个不同文化接触或重叠地带，在文化上也伸缩自如，在坚守自己的信仰内核的基础上，充分借鉴吸收各民族的文化经验，从而创造出自己独特的具有弹性和韧性的文化逻辑和文化秩序。

第三节　研究反思

一、关于回族建筑研究

建筑作为无形的观念见之于物质的形态塑造，它不仅是一种物质实体，更是一种文化的产物。正是因为如此，建筑犹如树木的年轮，每个时代都在其中留下了自己深深的印记，进而让我们通过其历史与文化的层层累积，得以窥探先人的文化逻辑与智慧。

然而，长期以来，建筑研究领域往往受困于两种基本研究取向：建筑学与人文取向过于关注建筑本身，而较少关注围绕建筑展开的人类实践；社会科学取向则与之相反，在把建筑与其他涉及人类社会本质的基本命题联系起来的同时，往往忽略了对建筑本身及其表现的考察。

为了避免上述种种缺憾，本章将回族建筑置于西南丝绸之路的时空视

① 周永明. 路学：道路、空间与文化［M］. 重庆：重庆大学出版社，2016：6-8.

域之下，同时兼顾微观与宏观的维度，不仅关注作为物的建筑本身，也将其作为文化实践的场所与空间。最终通过对建筑这种物化的文明形式及其发展历程的考察，寻求对回族文化发展轨迹和文化逻辑的理解。

通过考察，本章发现云南回族建筑在格局与结构、装修与装饰方面蕴含着一些特殊的建筑语法，即嫁接、移植与套叠、过渡、适应与变通。而正是得益于对这些语法的娴熟运用，回族建筑形成了有效的文化传承的机制，更为重要的是，它通过对中国传统文化乃至周边少数民族文化的吸纳与采用，以及自身的变通，在和谐地融入了周边环境的同时，也保持了自己的独特风格和文化个性。

而在这种时空的视域下，笔者还发现，建筑作为一种基于特定空间的文化，不仅是人们展开自己在地化的实践场所，更蕴含着一个文化交流、文化传播和族际互动的历史脉络。云南回族建筑在宏观空间上大量沿西南丝绸之路分布的格局，彰显了其作为"中间人"的文化价值和文化逻辑。实际上，从江应樑的"边区的内地人"称谓，到马雪峰、敏俊卿（2011）的"中间人"概念，学者们对回族人的这种文化特征已经有了较为清晰的认识。然而，上述学者多是从商贸活动或经贸往来的层面来论证这一问题的。而本章则从时空的角度对此进行了确证，将建筑作为云南回族人在空间上游走在"西南丝路"——这个不同文化接触或重叠地带的隐喻。正是得益于其超强的商贸、文化交往和文化适应能力，云南回族人才得以长期驻守在经济和文化的大通道（西南丝绸之路）上，从而成为一种各民族之间商贸往来和文化交流的"中间人"。

最后，本章研究的对象虽然是云南回族建筑，属于一种"物"的研究，但研究的主旨却关涉对不同文化和文明的理解——通过对建筑这种物化的文明形式及其发展历程的研究，探寻回族文化的发展轨迹和文化逻辑。而通过云南回族建筑从微观层面的编织语法到宏观层面的分布格局等种种现实表现，笔者认为，云南回族人作为经贸和文化交流网络编织者或"中间人"的角色，在深层次上，则源于其文化的"弹持"能力。而正是得益于这种具有较强"弹持性"的文化逻辑，在相当程度上增进了回族人与各民族、各种文化系统之间的有效交流与互动。

二、现实意义

本章主要通过对回族建筑研究来探寻回族文化。而回族建筑，近年来屡屡被推上风口浪尖。有人甚至将现代清真寺建筑的所谓的阿拉伯式风格（即具有"洋葱式"穹顶的建筑风格）作为回族宗教和文化"去中国化"的标志，引起极大的误读。周传斌（2016）教授在其《"去中国化"误读：以中国伊斯兰教建筑为中心的考察》一文中，曾对这一问题进行鞭辟入里的分析。而笔者想强调的是，回族建筑作为一种文化景观，的确有着非凡的意义。因此，对其有继续研究和深入挖掘的必要性。而通过本章的研究，云南回族的建筑文化对于我们今天最大的现实意义和启示在于：一个民族不能故步自封，应时时保持必要的文化"弹持"能力。而只有这种文化的"弹持"能力和对话能力的持有和发扬，才能在一定程度上增进与各民族之间文化、社会的有效交流与互动，进而促进整个社会的和谐与稳定。

参考文献

一、著作类

［1］白寿彝. 回民起义：中国近代史资料丛刊［M］. 上海：上海书店出版社，2000.

［2］白学义，白韬. 中国伊斯兰教建筑艺术（中册）［M］. 银川：宁夏人民出版社，2016.

［3］陈垣. 元西域人华化考［M］. 北京：中华书局，2016.

［4］冯瑜，合富祥. 东南亚视野下对"云南回族"的重新认识［M］//郑筱筠. 东南亚宗教与社会发展研究. 北京：中国社会科学出版社，2013.

［5］桂榕，张晓燕. 最后的碉楼：东莲花回族历史文化名村的历史记忆与文化空间［M］. 北京：知识产权出版社，2013.

［6］季羡林. 中印文化关系史论丛［M］. 北京：人民出版社，1957.

［7］江应樑. 滇南沙甸回教农村调查［M］//云南编写组. 云南回族社会历史调查（一）. 北京：民族出版社，2009.

［8］梁思成. 中国建筑的特征［M］//梁思成，林洙. 大拙至美：梁思成最美的文字建筑. 北京：中国青年出版社，2007.

［9］李剑平. 中国古建筑名词图解辞典［M］. 太原：山西科学技术出版社，2011.

［10］李卫东. 宁夏回族建筑研究［M］. 北京：科学出版社，2012.

［11］李燕. 试论清代文山地区与越南的贸易［M］//云南大学历史系. 史学论丛（第7辑）. 昆明：云南大学出版社，1999.

［12］李正清. 昭通回族文化史［M］. 昆明：云南大学出版社，2008.

［13］刘致平. 中国伊斯兰教建筑［M］. 乌鲁木齐：新疆人民出版社，1985.

［14］路秉杰，张广林. 中国伊斯兰教建筑［M］. 上海：上海三联书店，2005.

［15］陆韧. 云南对外交通史［M］. 昆明：云南民族出版社，1997.

［16］卢金锡，杨履乾，包鸣泉. 民国昭通县志［M］. 昆明：云南省图书馆，1992.

［17］马燕，田晓娟. 四海通达的回族商贸［M］. 银川：宁夏人民出版社，2008.

［18］马雪峰. 从商业看云南穆斯林的历史：一点省思［M］//杨怀中. 中国回商文化（第1辑）. 银川：宁夏人民出版社，2009.

［19］马建钊，张菽晖. 中国南方回族团体与宗教场所文史资料辑要［M］. 广州：广东人民出版社，2015.

［20］马存兆. 茶马古道上远逝的铃声：云南马帮马锅头口述历史［M］. 昆明：云南大学出版社，2007.

［21］马观政. 滇垣十四年大祸记［M］//白寿彝. 回民起义（第1册）. 上海：上海神州国光社，1952.

［22］敏俊卿. 中间人：流动与交换：临潭回商群体研究［M］. 北京：中央民族大学出版社，2011.

［23］邱玉兰. 伊斯兰教建筑：穆斯林礼拜清真寺［M］. 北京：中国建筑工业出版社，1993.

［24］邱玉兰，于振生. 中国伊斯兰教建筑［M］. 北京：中国建筑工业出版社，1992.

［25］孙嫱. 当代回族建筑文化［M］. 银川：宁夏人民出版社，2014.

［26］吴建伟. 中国清真寺综览［M］. 银川：宁夏人民出版社，1995.

［27］吴建伟. 中国清真寺综览续编［M］. 银川：宁夏人民出版社，1998.

［28］吴良镛. 江南建筑文化与地区建筑学［M］//吴良镛. 吴良镛城市研究论文集. 北京：中国建筑工业出版社，1996.

［29］徐弘祖. 徐霞客游记·滇游日记二十八［M］. 重庆：重庆出版社，2007.

［30］姚继德，马健雄. 伊斯兰与中国西南边疆社会［M］. 昆明：云南大学出版社，2017.

［31］杨兆钧. 云南回族史［M］. 昆明：云南民族出版社，1994.

［32］姚华亭. 楚雄丙辰抗变事略白寿彝编［M］//白寿义. 中国近代史资料丛刊（第四种：回民起义2）. 上海：神州国光社，1952.

［33］周永明. 路学：道路、空间与文化［M］. 重庆：重庆大学出版社，2016.

［34］张铭斋. 咸同变乱经历记［M］//方国瑜. 云南史料丛刊：第9卷. 昆明：云南大学出版社，2001.

［35］小围埂清真寺民主管委会. 小围埂村志［M］. 昆明：云南美术出版社，2011.

［36］潘建祥. 公郎镇概述［M］//潘建祥. 南涧年鉴. 昆明：云南美术出版社，2017.

［37］永平县志委员会编撰. 永平县志［M］. 昆明：云南人民出版社，1994.

［38］腾冲县志编纂委员会. 腾冲县志［M］. 北京：中华书局，1995.

［39］云南省人口普查办公室，云南省统计局. 云南省2010年人口普查资料［M］. 北京：中国统计出版社，2012.

［40］国家统计局云南调查总队编. 建水概况［M］//国家统计局云南调查总队编. 云南年鉴. 北京：中国统计出版社，2017.

［41］国家统计局云南调查总队编. 大庄［M］//国家统计局云南调查总队编. 云南年鉴. 北京：中国统计出版社，2017.

［42］国家统计局云南调查总队编. 蒙自概况［M］//国家统计局云南

调查总队编. 云南年鉴. 北京：中国统计出版社，2017.

[43] 蒙自市地方志编纂委员会编. 蒙自县志（1978—2009）[M]. 昆明：云南人民出版社，2014.

[44] 蒙自县志编撰委员会. 蒙自县志 [M]. 北京：中华书局，1995.

[45]《中国少数民族社会历史调查资料丛刊》修订编辑委员会. 永建回族自治县社会调查 [M] //《中国少数民族社会历史调查资料丛刊》修订编辑委员会. 云南回族社会历史调查资料（一）. 昆明：民族出版社，2009.

[46] 王树槐. 咸同云南回民事变 [M]. 台北："中央研究院"近代史研究所，1968.

[47] 诺拉. 记忆之场：法国国民意识的文化社会史 [M]. 黄艳红，等译. 南京：南京大学出版社，2015.

[48] 塔帕尔. 印度古代文明 [M]. 林太，译. 杭州：浙江人民出版社，1990.

[49] 布克利. 建筑人类学 [M]. 潘曦，译. 中国建筑工业出版社，2018.

[50] 维特鲁威. 建筑十书 [M]. 陈平，译. 北京：北京大学出版社，2017.

[51] 伊东忠太. 中国建筑史 [M]. 廖伊庄，译. 北京：中国画报出版社，2018.

[52] 哈里斯. 建筑的伦理功能 [M]. 申嘉，陈朝晖，译. 北京：华夏出版社，2001.

二、期刊及学位论文类

[1] 费孝通. 关于我国民族的识别问题 [J]. 中国社会科学，1980（1）.

[2] 福布斯. 泰国北部的"钦浩"（云南籍华人）穆斯林 [J]. 民族译丛，1988（4）.

[3] 范可. "再地方化"与象征资本：一个闽南回族社区近年来的若

干建筑表现 [J]. 开放时代, 2005 (2).

[4] 何耀华, 何大勇. 印度东喜马拉雅民族与中国西南藏缅语民族的历史渊源 [J]. 西南民族大学学报 (人文社科版), 2007 (5).

[5] 金少萍. 云南回族宗族制度探析 [J]. 回族研究, 1991 (2).

[6] 黄顺铭. 以数字标识"记忆之所": 对南京大屠杀纪念馆的个案研究 [J]. 新闻与传播研究, 2017 (8).

[7] 李立峯. 流动的人、流动的传播 [J]. 传播与社会学刊, 2019 (47).

[8] 林超民. 汉晋云南各民族地区交通概论 [J]. 云南大学西南边境民族历史研究所编辑 (西南民族历史研究集刊), 1986 (7).

[9] 马廉祯. 清初回族名将冶大雄 [J]. 回族研究, 2012 (2).

[10] 马燕坤. 滇东北的祖寺: 拖姑清真寺 [J]. 中国穆斯林, 2008 (2).

[11] 马永欢. 曲硐清真寺与大小坟院 [J]. 回族文学, 2013 (3).

[12] 马维良. 云南回族马帮的对外贸易 [J]. 回族研究, 1996 (1).

[13] 马宗保. 论回族社会的"坊" [J]. 宁夏社会科学, 1994 (6).

[14] 马宗保, 金英花. 银川市区回汉民族居住格局变迁及其对民族间社会交往的影响 [J]. 回族研究, 1997 (2).

[15] 马兴东. 云南回族源流探索 (上) [J]. 云南民族学院学报, 1988 (4).

[16] 马兴东. 云南回族源流探索 (下) [J]. 云南民族学院学报, 1989 (1).

[17] 潘泽泉. 当代社会学理论的社会空间转向 [J]. 江苏社会科学, 2009 (1).

[18] 屈小玲. 中国西南与境外古道: 南方丝绸之路及其研究述略 [J]. 西北民族研究, 2011 (1).

[19] 申旭. 回族与西南丝绸之路 [J]. 云南社会科学, 1994 (4).

[20] 宋蜀华. 论西南丝绸之路的形成、作用和现实意义 [J]. 中央民

族大学学报（哲学社会科学版），1996（6）.

[21] 佟洵. 试论北京清真寺文化 [J]. 北京联合大学学报（人文社会科学版），2004（3）.

[22] 吴海鹰. 论回族历史上的商贸经济活动及其作用 [J]. 中国经济史研究，2003（3）.

[23] 吴良镛. 论中国建筑文化研究与创造的历史任务 [J]. 城市规划，2003（1）.

[24] 吴乾就. 云南回族的历史和现状 [J]. 研究集刊，1982（2）.

[25] 王建平. 明清时期云南地区清真寺的历史考察：兼论伊斯兰教文化的本色化 [J]. 回族研究，2001（1）.

[26] 王明达. 马帮西南丝路的开拓者 [J]. 中国商人，1994（3）.

[27] 杨宇振，戴志中. 中国西南地域生态与山地建筑文化研究 [J]. 重庆建筑大学学报（社科版），2001（3）.

[28] 姚继德. 云南回族马帮的组织与分布 [J]. 回族研究，2002（2）.

[29] 姚继德. 清真寺与云南回族历史文化：对清真寺功能的文化人类学研究 [J]. 西北第二民族学院学报（哲学社会科学版），2002（2）.

[30] 尤小菊. 略论人类学研究的空间转向 [J]. 西南民族大学学报（人文社科版），2010（8）.

[31] 颜星，黄梅. 历史上的滇越交通概述 [J]. 文山师范高等专科学校学报，2003（4）.

[32] 周传斌. "去中国化"误读：以中国伊斯兰教建筑为中心的考察 [J]. 回族研究，2016（4）.

[33] 朱伟. 论近代云南马帮的运输与历史作用 [J]. 兰台世界，2012（19）.

[34] 张继强. 博南古道及其承载的马帮和饮食文化 [J]. 大理文化，2012（10）.

[35] 王跃. 大理巍山回村"东莲花"传统聚落与建筑研究 [D]. 重庆：重庆大学，2011.

［36］杨宇振. 中国西南地域建筑文化研究［D］. 重庆：重庆大学，2002.

［37］姚继德. 回族马帮与西南丝路网络：泰国北部云南穆斯林的个案研究［D］. 昆明：云南大学，2002.

［38］余穆谛. 云南清真寺建筑及文化研究［D］. 昆明：昆明理工大学，2008.

［39］叶桐. 大理回族历史与文化论集［M］. 大理：大理市印刷二厂，2000.

三、外文类

［1］MORGAN L H. Houses and house – life of the American aborigines ［M］. Washington，D. C.：US Government Printing Office，1881.

［2］MAUSS M. Seasonal variations of the Eskimo：a study in social morphology ［M］. London：Routledge，2013.

［3］NORA P. Between memory and history：Les lieux demémoire ［J］. representations，1989（26）.

［4］SILVERSTONE R. The sociology of mediation andcommunication ［J］. The SAGE handbook of sociology，2005.

［5］BERGER A A. What objects mean：An introduction to material culture ［M］. London：Routledge，2016.

［6］BOURDIEU P. The berberhouse ［J］. Language，communication and education，1973（28）.

［7］LEACH E. Anthropology and Myth：Lectures 1951—1982 ［J］. New Vico Studies，1988（6）.

［8］URRY J. Sociology beyond societies：Mobilities for the twenty – first century ［M］. London：Routledge，2012.

［9］URRY J. Mobilities：new perspectives on transport and society ［M］. London：Routledge，2016.